国家出版基金项目
NATIONAL PUBLICATION FOUNDATION

英国国家附件

Eurocode 1：结构上的作用

第1-4部分：一般作用——风荷载

NA to BS EN 1991-1-4:2005+A1:2010

（包含 国家1号修订案的内容）

[英] 英国标准化协会（BSI）

欧洲结构设计标准译审委员会 **组织翻译**

华旭刚 王文熙 **译**

李 珂 **一审**

郭余庆 **二审**

人民交通出版社股份有限公司

北 京

图书在版编目(CIP)数据

英国国家附件 Eurocode1:结构上的作用. 第1-4部分:一般作用——风荷载 NA to BS EN 1991-1-4:2005 + A1:2010 / 英国标准化协会(BSI)组织编写;华旭刚等译. — 北京:人民交通出版社股份有限公司, 2019.11

ISBN 978-7-114-15993-0

Ⅰ.①英… Ⅱ.①英… ②华… Ⅲ.①建筑结构—结构设计—建筑规范—英国 Ⅳ.①TU318

中国版本图书馆 CIP 数据核字(2019)第253128号

著作权合同登记号:图字01-2019-6184

Yingguo Guojia Fujian Eurocode 1:Jiegou Shang de Zuoyong Di 1-4 Bufen:Yiban Zuoyong——Feng Hezai

书　　名:**英国国家附件 Eurocode 1:结构上的作用　第1-4部分:一般作用——风荷载 NA to BS EN 1991-1-4:2005 + A1:2010**

著 作 者:英国标准化协会(BSI)

译　　者:华旭刚　王文熙

责任编辑:李　喆　卢俊丽

责任校对:刘　芹

责任印制:张　凯

出版发行:人民交通出版社股份有限公司

地　　址:(100011)北京市朝阳区安定门外外馆斜街3号

网　　址:http://www.ccpress.com.cn

销售电话:(010)59757973

总 经 销:人民交通出版社股份有限公司发行部

经　　销:各地新华书店

印　　刷:三河市国新印装有限公司

开　　本:880×1230　1/16

印　　张:3.25

字　　数:68千

版　　次:2019年11月　第1版

印　　次:2019年11月　第1次印刷

书　　号:ISBN 978-7-114-15993-0

定　　价:60.00元

(有印刷、装订质量问题的图书,由本公司负责调换)

出 版 说 明

包括本标准在内的欧洲结构设计标准(Eurocodes)及其英国附件、法国附件和配套设计指南的中文版，是2018年国家出版基金项目“欧洲结构设计标准翻译与比较研究出版工程(一期)”的成果。

在对欧洲结构设计标准及其相关文本组织翻译出版过程中，考虑到标准的特殊性、用户基础和应用程度，我们在力求翻译准确性的基础上，还遵循了一致性和有限性原则。在此，特就有关事项作如下说明：

1. 本标准中文版根据英国标准化协会(BSI)提供的英文版进行翻译，仅供参考之用，如有异议，请以原版为准。

2. 中文版的排版规则原则上遵照外文原版。

3. Eurocode(s)是个组合再造词。本标准及相关标准范围内，Eurocodes特指一系列共10部欧洲标准(EN 1990 ~ EN 1999)，旨在为房屋建筑和构筑物及建筑产品的设计提供通用方法；Eurocode与某一数字连用时，特指EN 1990 ~ EN 1999中的某一部，例如，Eurocode 8指EN 1998结构抗震设计。经专家组研究，确定Eurocode(s)宜翻译为“欧洲结构设计标准”，但为了表意明确并兼顾专业技术人员用语习惯，在正文翻译中保留Eurocode(s)不译。

4. 书中所有的插图、表格、公式的编排以及与正文的对应关系等与外文原版保持一致。

5. 书中所有的条款序号、括号、函数符号、单位等用法，如无明显错误，与外文原版保持一致。

6. 在不影响阅读的情况下书中涉及的插图均使用英文原版插图，仅对图中文字进行必要的翻译和处理；对部分影响使用的英文原版插图进行重绘。

7. 书中涉及的人名、地名、组织机构名称以及参考文献等均保留外文原文。

特别致谢

本标准的译审由以下单位和人员完成。湖南大学的华旭刚、王文熙承担了主译工作，重庆大学的李珂、中国天辰工程有限公司的郭余庆承担了主审工作。他(她)们分别为本标准的翻译工作付出了大量精力。在此谨向上述单位和人员表示感谢！

欧洲结构设计标准译审委员会

主 任 委 员:周绪红(重庆大学)

副主任委员:朱伽林(人民交通出版社股份有限公司)

杨忠胜(中交第二公路勘察设计研究院有限公司)

秘 书 长:韩　敏(人民交通出版社股份有限公司)

委 员:秦顺全(中铁大桥勘测设计院集团有限公司)

聂建国(清华大学)

陈政清(湖南大学)

岳清瑞(中冶建筑研究总院有限公司)

卢春房(中国铁道学会)

吕西林(同济大学)

(以下按姓氏笔画排序)

王　佐(中交第一公路勘察设计研究院有限公司)

王志彤(中国天辰工程有限公司)

冯鹏程(中交第二公路勘察设计研究院有限公司)

刘金波(中国建筑科学研究院有限公司)

李　刚(中国路桥工程有限责任公司)

李亚东(西南交通大学)

李国强(同济大学)

吴　刚(东南大学)

张晓炜(河南省交通规划设计研究院股份有限公司)

陈宝春(福州大学)

邵长宇[上海市政工程设计研究总院(集团)有限公司]

邵旭东(湖南大学)

周　良[上海市城市建设设计研究总院(集团)有限公司]

周建庭(重庆交通大学)

修春海(济南轨道交通集团有限公司)

贺拴海(长安大学)

黄　文(航天建筑设计研究院有限公司)

韩大章(中设设计集团股份有限公司)

蔡成军(中国建筑标准设计研究院)

秘书组组长:孙　玺(人民交通出版社股份有限公司)

秘书组副组长:狄　谨(重庆大学)

秘书组成员:李　喆　卢俊丽　李　瑞　李　晴　钱　堃

岑　瑜　任雪莲　蒲晶境(人民交通出版社股份有限公司)

欧洲结构设计标准译审委员会总体组

组　　长：余顺新（中交第二公路勘察设计研究院有限公司）
成　　员：（按姓氏笔画排序）
王敬烨（中国铁建国际集团有限公司）
车　轶（大连理工大学）
卢树盛［长江岩土工程总公司（武汉）］
吕大刚（哈尔滨工业大学）
任青阳（重庆交通大学）
刘　宁（中交第一公路勘察设计研究院有限公司）
宋　婕（中国建筑标准设计研究院）
李　顺（天津水泥工业设计研究院有限公司）
李亚东（西南交通大学）
李志明（中冶建筑研究总院有限公司）
李雪峰［上海市城市建设设计研究总院（集团）有限公司］
张　寒（中国建筑科学研究院有限公司）
张春华（中交第二公路勘察设计研究院有限公司）
狄　谨（重庆大学）
胡大琳（长安大学）
姚海冬（中国路桥工程有限责任公司）
徐晓明（航天建筑设计研究院有限公司）
郭　伟（中国建筑标准设计研究院）
郭余庆（中国天辰工程有限公司）
黄　侨（东南大学）
谢亚宁（中设设计集团股份有限公司）
秘　　书：李　喆（人民交通出版社股份有限公司）
卢俊丽（人民交通出版社股份有限公司）

国家附件

NA to BS EN 1991-1-4:2005 +A1:2010

包含国家1号修订案的内容

英国国家附件

Eurocode 1：结构上的作用

第1-4部分：一般作用——风荷载

ICS 91.010.30

British Standards

出版和版权信息

本国家附件中的英国标准化协会(BSI)版权信息标明本附件的最新发布时间。

ISBN 978 0 580 73818 0

与本国家附件工作有关的 BSI 参考文件如下:
委员会参考文件 B/525/1
征求意见稿 06/30152554 DC
10/30232884 DC

版次

2008 年 9 月　第 1 版

自发布以来提出的修订

修订编号	日期	受影响文本
A1	2011 年 1 月	见引言

目　次

图 目 次

表 目 次

国家附件(资料性) BS EN 1991-1-4:2005
Eurocode 1:结构上的作用
第1-4部分:一般作用——风荷载

引言

本国家附件由BSI作用(荷载)和设计基础分委会B/525/1编制。在英国需与BS EN 1991-1-4:2005配合使用。

由国家1号修订案新增或改变的内容在相应文本的开头和结尾用[A1〉〈A1]标注。小的编辑上的修改并未标记。

国家1号修订案用于反映BS EN 1991-1-4:2005的1号修订案。

NA.1 范围

本国家附件包括的内容如下:

a)英国确定的国家定义参数或备选方法,对应BS EN 1991-1-4:2005的下列子条款:

- 1.1 (11)注1
- 1.5 (2)
- 4.1 (1)
- 4.2 (1)P注2
- 4.2 (2)P注1、2、3和5
- 4.3.1(1)注1和2
- 4.3.2(1)
- 4.3.2(2)

[A1〉
- 7.2.4 (1)
- 7.2.4 (3)
- 7.2.5 (1)
- 7.2.5 (3)
- 7.2.6 (1)
- 7.2.6 (3)
- 7.2.7
- 7.3 (6)〈A1]

–4.3.3(1)

–4.3.4(1)

–4.3.5(1)

–4.4 (1)注 2

–4.5 (1)注 1

–4.5 (1)注 2

–5.3 (5)

–6.1 (1)

–6.3.1(1)注 3

–6.3.2(1)

–7.1.2(2)

–7.1.3(1)

–7.2.1(1)注 2

–7.2.2(1)

–7.2.2(2)注 1

[A1)–7.2.3(2)

–7.2.3(4)(A1]

–8.2(1)注 1

–8.3(1)

–8.3.1(2)

–8.3.2(1)

–8.3.3(1)注 1

–8.3.4(1)

–8.4.2(1)注 1

–A.2(1)

–7.2.8 (1)

–7.2.9 (2)

–7.2.10 (3)注 1 和 2

–7.4.1 (1)

–7.4.3 (2)

–7.6 (1)注 1

–7.7 (1)注 1

–7.8 (1)

[A1)–7.9.2 (2)

–表 7.14 (A1]

–7.10 (1)注 1

–7.11 (1)注 2

–7.13 (1)

–7.13 (2)

–8.1 (1)注 1 和 2

–8.1 (4)

–8.1 (5)

–E.1.3.3(1)

–E.1.5.1(1)注 1 和 2

–E.1.5.1(3)

–E.1.5.2.6(1)注 1

–E.1.5.3(2)注 1

–E.1.5.3(4)

–E.1.5.3(6)

–E.3(2)

b)英国确定的关于使用 BS EN 1991-1-4:2005,资料性附录 A、B、C、D、E 和 F 的决定;

c)非矛盾性补充信息的参考文献。

[A1)删除的文本(A1]

NA.2 国家定义参数

NA.2.1 关于扭转振动、桥梁主梁振动、缆索承重桥梁、高阶模态振动的设计指南 [BS EN 1991-1-4:2005,1.1 (11)注 1]

对于扭转振动,例如对具有较低扭转频率和/或剪切中心明显偏移的高层建筑的扭转振动,本国家附件未提供额外的设计指南。

对于横风向脉动风引起的桥梁主梁振动,应采用指导文件 PD 6688-1-4 中提供的方法。

对于缆索承重桥梁,本国家附件未提供有关风荷载和响应的额外指南。

对于需要考虑横向或侧向高阶模态振动的建筑和桥梁,应咨询专家建议。

NA.2.2 关于风洞试验与实测辅助设计的指南 [BS EN 1991-1-4:2005,1.5 (2)]

NA.2.2.1 静止建筑结构

只有满足以下条件时,确定静止结构风荷载的物理试验才是合理的:

a)自然风模拟需满足以下条件:

- 所模拟的平均风速随离地高度的变化,符合建筑场址的地貌特征;
- 所模拟的湍流强度和湍流积分尺度,符合一定缩尺比下建筑场址的地貌特征;

b)建筑的几何缩尺比须控制在自然风模拟缩尺比的若干倍数范围之内,并对几何缩尺比差异的影响进行合理修正:

- 总荷载:3 倍;
- 围护结构荷载:2 倍;

c)风洞试验仪器的响应特性符合待测数据要求;

d)试验结果能预测出特定年超越概率的峰值风荷载。

更多关于风洞试验的指南可以参考 *The designer's guide to wind loading of building structures-Part* 2: *Static structures*[1], *Wind tunnel studies of buildings and Structures* [2]以及背景文件 PD 6688-1-4。

NA.2.2.2 振动建筑结构

在满足静止建筑结构中条款 a) ~ d)规定的同时,结构模型还必须满足按缩尺定律(在物理层面或数学层面上)模拟质量分布、刚度和阻尼特性的附加规定,振动结构的响应测试试验才是合理的。

更多关于风洞试验的指南可参考 *The designer's guide to wind loading of building structures-Part 2: Static structures*[1],*Wind tunnel studies of buildings and Structures*[2],以及背景文件 PD 6688-1-4。

NA.2.3 可直接获得所考虑地表类别平均风速及峰值动压的国家气候信息

[BS EN 1991-1-4:2005,4.1 (1)注]

见 NA.2.17。

NA.2.4 基本风速基准值 $v_{b,0}$

[BS EN 1991-1-4:2005,4.2 (1)P 注 2]

基本风速基准值 $v_{b,0}$应按式(NA.1)确定:

$$v_{b,0} = v_{b,map} \cdot c_{alt} \tag{NA.1}$$

式中:$v_{b,map}$——未考虑海拔修正的基本风速基准值,其值见图 NA.1;

c_{alt}——海拔系数,见 NA.2.5。

NA.2.5 确定海拔系数的方法

[BS EN 1991-1-4:2005,4.2 (2)P 注 1]

应按式(NA.2a)或式(NA.2b)确定海拔系数 c_{alt}。

$$c_{alt} = 1 + 0.001A \quad z \leqslant 10m \tag{NA.2a}$$

$$c_{alt} = 1 + 0.001A(10/z)^{0.2} \quad z > 10m \tag{NA.2b}$$

式中:A——所处位置高于平均海平面的海拔高度[m];

z——BS EN 1991-1-4:2005 中图 6.1 所定义的参考高度 z_s,或 BS EN 1991-1-4:2005 中图 7.4 所定义的参考高度 z_e。

注:式(NA.2a)可偏安全地应用于任何建筑高度。

当存在图 NA.2 中阴影区域所描述的显著地形时,A 应取为各个风向上地形的迎风基准高度。

NA.2.6 风向系数 c_{dir}

[BS EN 1991-1-4:2005,4.2 (2)P 注 2]

风向系数 c_{dir}见表 NA.1。

A1

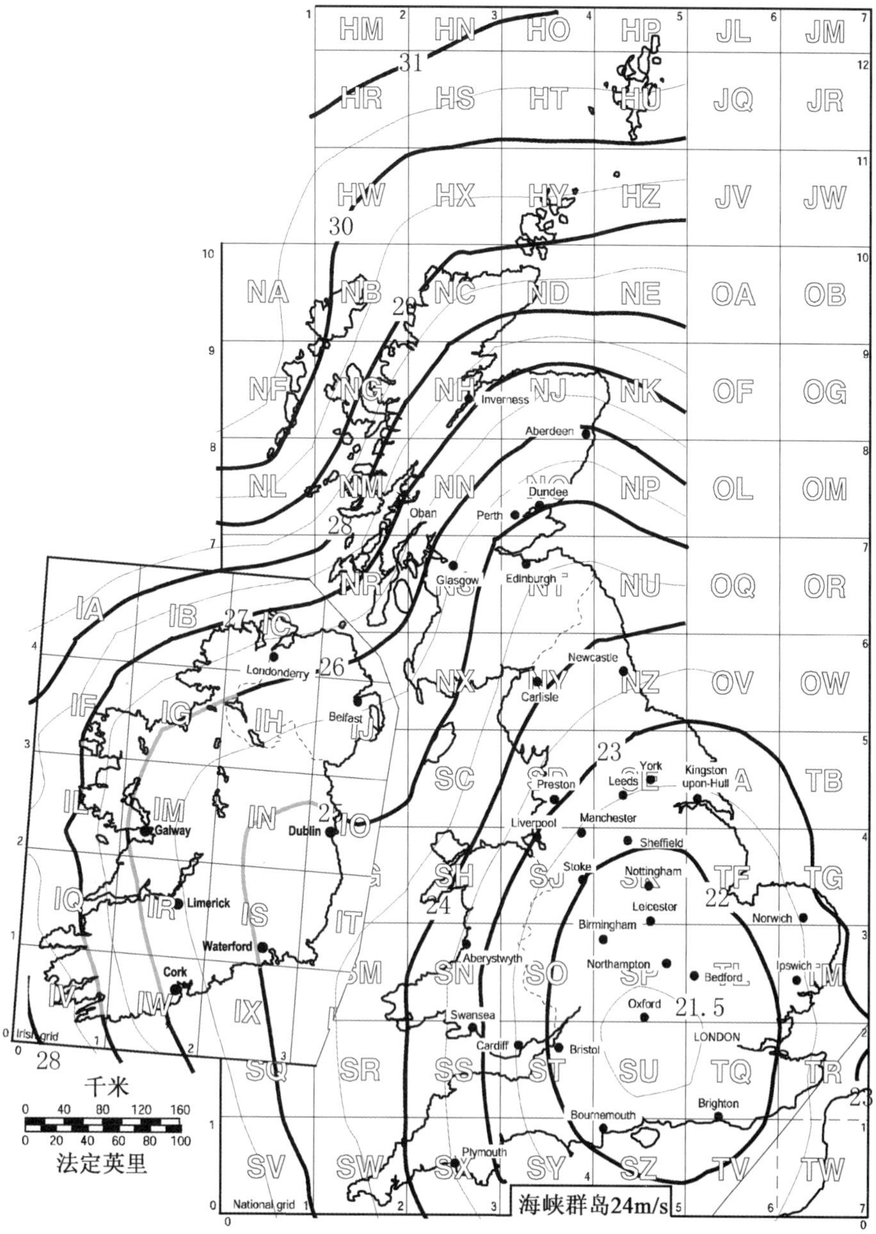

注1：本地图仅适用于英国、马恩岛和海峡群岛。

注2：爱尔兰的等值线仅用来进行插值。 A1

图 NA.1　未进行海拔修正的基本风速基准值 $v_{b,map}$（m/s）

表 NA.1　风向系数 c_{dir}

风向	0°	30°	60°	90°	120°	150°	180°	210°	240°	270°	300°	330°
c_{dir}	0.78	0.73	0.73	0.74	0.73	0.80	0.85	0.93	1.00	0.99	0.91	0.82

注 1：可在表 NA.1 中使用插值。

注 2：风向以正北向为基准，顺时针为正。

注 3：若建筑上的风荷载评估只考虑两个正交方向，其风向系数应取与建筑表面垂直方向上 ±45°范围内的最大值。

注 4：对所有风向，c_{dir}可保守取 1.0。

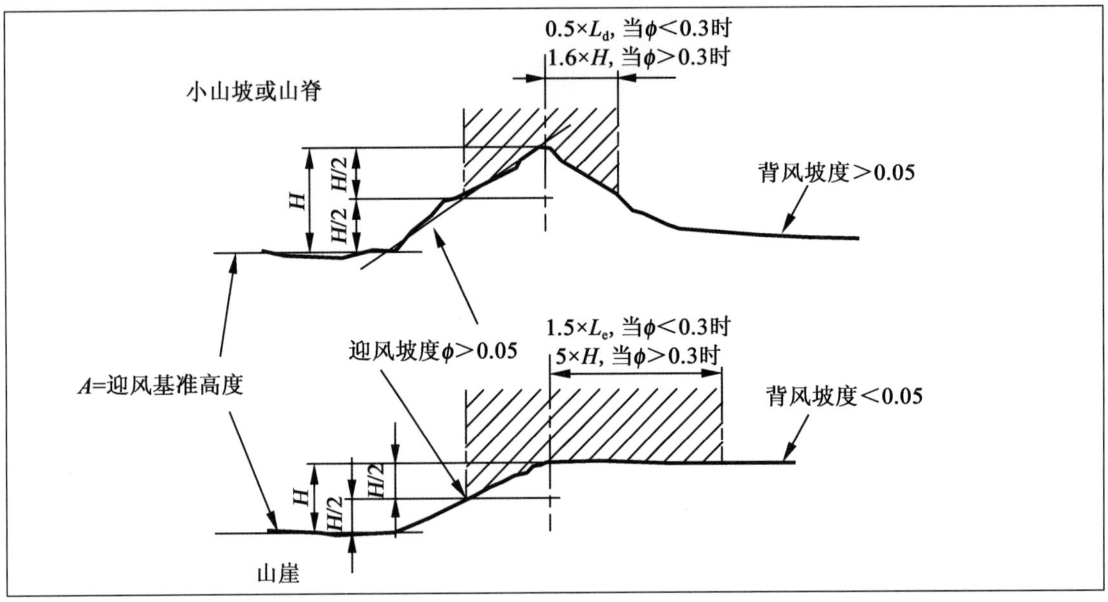

图 NA.2　显著地形的定义[图中符号的定义见 BS EN 1991-1-4:2005 中 A.3(3)]

NA.2.7　季节系数 c_{season}

[BS EN 1991-1-4:2005,4.2 (2)P 注 3]

季节系数 c_{season} 见表 NA.2。

表 NA.2　季 节 系 数 c_{season}

<table>
<tr><th>月份</th><th>1 个月</th><th colspan="2">2 个月</th><th colspan="4">4 个月</th></tr>
<tr><td>一月</td><td>0.98</td><td rowspan="2">0.98</td><td></td><td rowspan="4">0.98</td><td></td><td rowspan="2"></td><td rowspan="3"></td></tr>
<tr><td>二月</td><td>0.83</td><td rowspan="2">0.86</td><td rowspan="4">0.87</td></tr>
<tr><td>三月</td><td>0.82</td><td rowspan="2">0.83</td><td rowspan="4">0.83</td></tr>
<tr><td>四月</td><td>0.75</td><td rowspan="2">0.75</td><td rowspan="4">0.76</td></tr>
<tr><td>五月</td><td>0.69</td><td rowspan="2">0.71</td><td rowspan="4">0.73</td></tr>
<tr><td>六月</td><td>0.66</td><td rowspan="2">0.67</td><td rowspan="4">0.83</td></tr>
<tr><td>七月</td><td>0.62</td><td rowspan="2">0.71</td><td rowspan="4">0.86</td></tr>
<tr><td>八月</td><td>0.71</td><td rowspan="2">0.82</td><td rowspan="4">0.90</td></tr>
<tr><td>九月</td><td>0.82</td><td rowspan="2">0.85</td><td rowspan="4">0.96</td></tr>
<tr><td>十月</td><td>0.82</td><td rowspan="2">0.89</td><td rowspan="4">1.00</td></tr>
<tr><td>十一月</td><td>0.88</td><td rowspan="2">0.95</td><td rowspan="4">1.00</td></tr>
<tr><td>十二月</td><td>0.94</td><td rowspan="2">1.00</td><td rowspan="4">1.00</td></tr>
<tr><td>一月</td><td>0.98</td><td rowspan="2">0.98</td><td rowspan="3"></td></tr>
<tr><td>二月</td><td>0.83</td><td rowspan="2">0.86</td><td rowspan="2"></td></tr>
<tr><td>三月</td><td>0.82</td><td></td><td></td></tr>
<tr><td colspan="8">注 1:对于冬季的 6 个月,即从十月到次年三月,c_{season} 取 1.0;对于夏季的 6 个月,即从四月到九月,c_{season} 取 0.84。
注 2:以上系数在上表给定的期限内具有 2% 的超越概率。</td></tr>
</table>

NA.2.8　用于确定概率系数的 K 和 n

[BS EN 1991-1-4:2005,4.2 (2)P 注 5]

形状参数和指数的建议值分别为:$K=0.2$,$n=0.5$。

NA.2.9　地形系数

[BS EN 1991-1-4:2005,4.3.1(1)注 1]

应采用 BS EN 1991-1-4:2005 中 A.3 中的建议方法。

NA.2.10　$v_m(z)$的设计图表

[BS EN 1991-1-4:2005,4.3.1(1)注 2]

未提供 $v_m(z)$的设计图表。

NA.2.11　确定粗糙度系数 $c_r(z)$的步骤

[BS EN 1991-1-4:2005,4.3.2 (1)]

BS EN 1991-1-4:2005 中式 (4.4)和式(4.5)不再适用。

将粗糙度类别的分类简化为以下三种:

- 地表类别 0 为海面;
- 地表类别 Ⅰ 和 Ⅱ 统称为乡村地形;
- 地表类别 Ⅲ 和 Ⅳ 统称为城镇地形。

在风向上延伸长度超过 1km,且离所处场址迎风距离在 1km 以内的所有内陆湖泊应视为海面。

粗糙度系数 $c_r(z)$取决于从所处场址到海岸线的迎风距离,以及城镇地形中从所处场址到城镇边界的距离。

对于乡村地形的场址,应采用图 NA.3 给出的粗糙度系数 $c_r(z)$。

对于临近海面(海洋或大的内陆湖泊)的场址,距海岸线的迎风距离应取 0.1km。

对于城镇地形的场址,图 NA.3 给出的粗糙度系数 $c_r(z)$应乘以图 NA.4 中给出的城镇地形的粗糙度修正系数 $c_{r,T}$。

注:合理选取 h_{dis},并用于图 NA.3 和图 NA.4。对于乡村地形的场址,$h_{dis}=0$;对于城镇地形的场址,h_{dis}按 BS EN 1991-1-4:2005 中 A.5 确定。

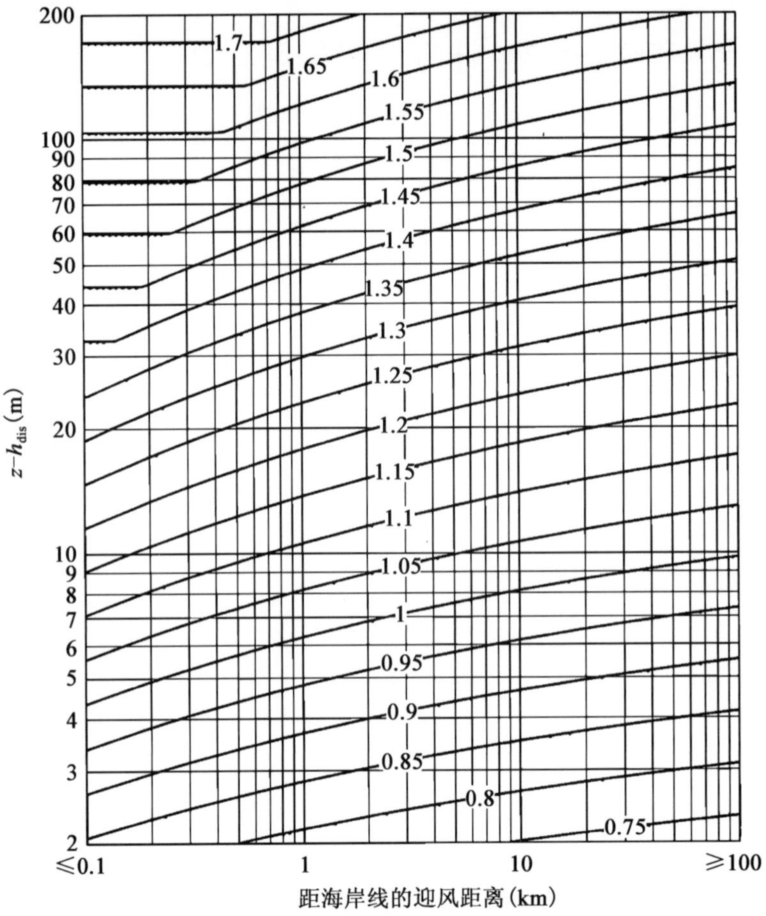

注:高度z对应计算v_m时的高度。

图 NA.3 地表粗糙度 $c_r(z)$ 的值

NA.2.12 确定用于评估地表粗糙度的角扇区和上游距离的方法

[BS EN 1991-1-4:2005,4.3.2 (2)注]

应采用角扇区的建议值。

不应采用 BS EN 1991-1-4:2005 中 A.2 中给出的上游距离建议值。本国家附件给出的方法已经考虑了上游距离和地形变化的影响。

NA.2.13 确定地形系数的方法

[BS EN 1991-1-4:2005,4.3.3 (1)]

对于位于图 NA.2 中阴影区域的场址,应采用 BS EN 1991-1-4:2005 中 A.3 中推荐的方法确定地形系数。除此之外的其他区域的地形系数可取 1.0 或通过计算得到。若地形系数取 1.0,迎风基准高度 A 即为场地海拔。

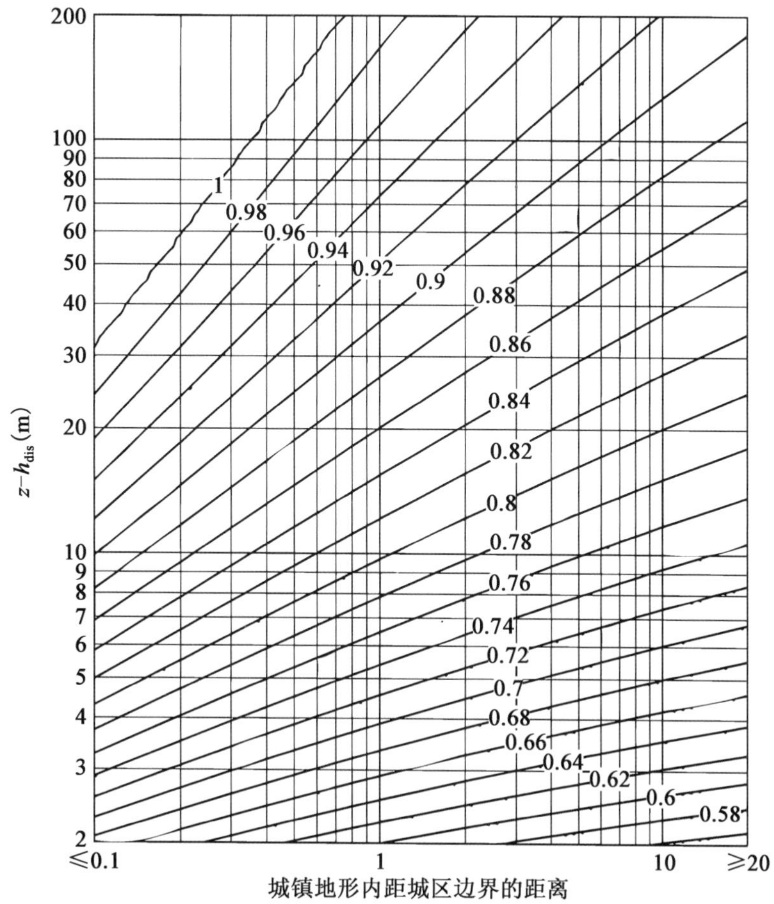

注1：高度z对应计算v_m时的高度。

A1〉**注2**：城镇地形内距城镇边界小于0.1km的场址应视为乡村地形。〈A1

图 NA.4　城镇地形场址修正系数 $c_{r,T}$ 的值

NA.2.14　高大相邻建筑的影响

[BS EN 1991-1-4:2005,4.3.4 (1)]

可采用 BS EN 1991-1-4:2005 中 A.4 的建议方法。

NA.2.15　密集建筑和障碍物的影响

[BS EN 1991-1-4:2005,4.3.5 (1)]

可采用 BS EN 1991-1-4:2005 中 A.5 的建议方法。

NA.2.16　湍流系数 k_I 的确定

[BS EN 1991-1-4:2005,4.4 (1) 注 2]

该条款中并未给出湍流系数 k_I 本身的取值。采用一个新参数$I_v(z)_{flat}$体现其

效应。

$I_v(z)_{flat} = k_I/\ln[(z-h_{dis})/z_0]$（见图 NA.5）

当地形效应不如图 NA.2 所示那么显著时：

对于乡村地形的场址，采用 $I_v(z) = I_v(z)_{flat}$；

对于城镇地形的场址，采用 $I_v(z) = I_v(z)_{flat} \cdot k_{I,T}$，其中 $k_{I,T}$ 为城镇地形场址的湍流修正系数，其值如图 NA.6 所示。

当地形效应显著，图 NA.5 得到的值应除以地形系数 c_o。

注：合理选取 h_{dis}，并用于图 NA.5 和图 NA.6。h_{dis} 的定义见 BS EN 1991-1-4:2005 中 A.5。

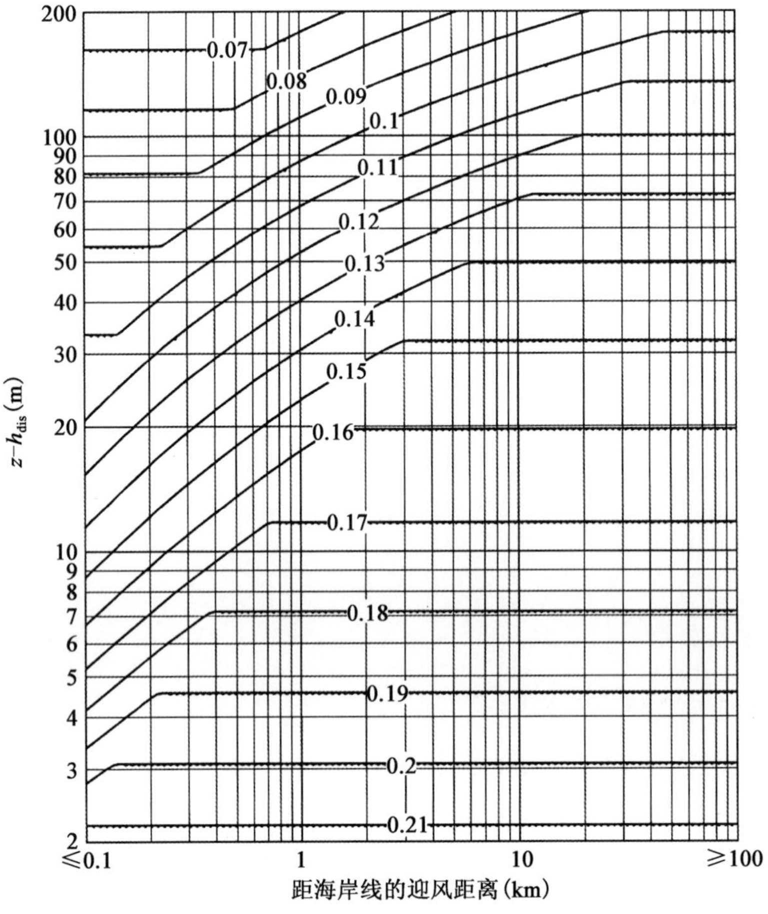

注：z 对应于采用式(NA.4 b)计算 q_p 时的高度。

图 NA.5 $I_v(z)$ 的值

NA.2.17 峰值动压 $q_p(z)$ 的确定

[BS EN 1991-1-4:2005，4.5 (1) 注 1]

BS EN 1991-1-4:2005 中式(4.8)不再适用。

当地形效应不如图 NA.2 所示显著时（即 $c_o = 1.0$）：

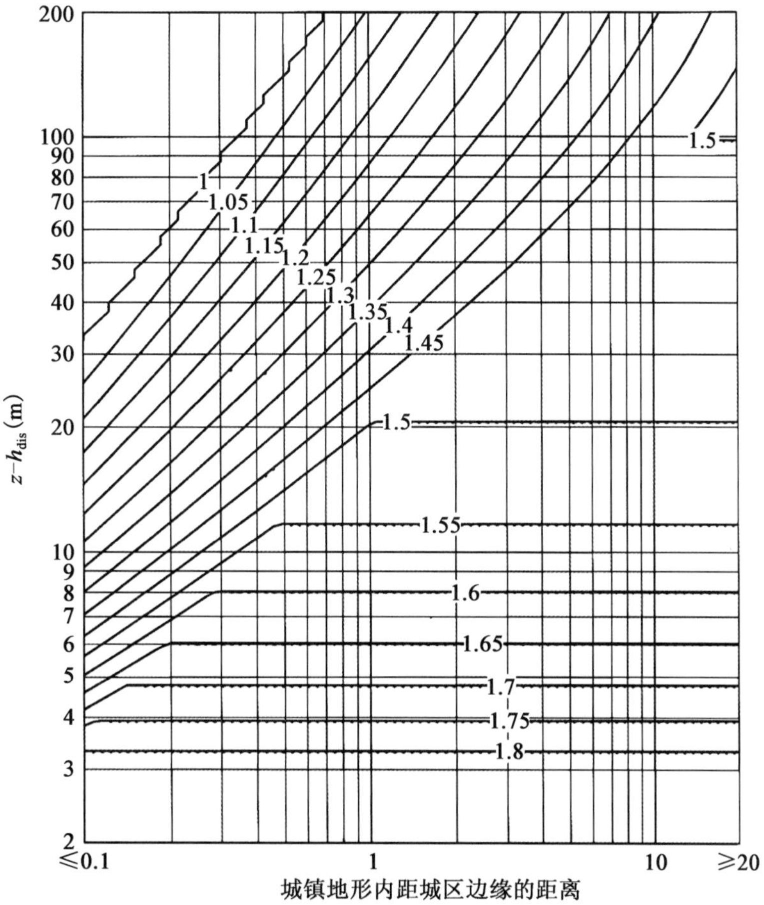

注1：z是使用式(NA.4 b)求q_p时采用的高度。

A1 注2：城镇边界内小于0.1km的地点应视为乡村地形。A1

图 NA.6　城镇地形的湍流修正系数 $k_{I,T}$

对于乡村地形的场址：

$$q_p(z) = c_e(z) . q_b \tag{NA.3a}$$

对于城镇地形的场址：

$$q_p(z) = c_e(z) . c_{e,T} . q_b \text{。} \tag{NA.3b}$$

图 NA.7 给出了暴露系数 $c_e(z)$，图 NA.8 给出了城镇地形场址的暴露系数修正因子 $c_{e,T}$。

当地形效应显著时：

对于 $z \leqslant 50$m，

$$q_p(z) = q_p(z) \cdot [(c_o(z) + 0.6)/1.6]^2 \tag{NA.4a}$$

其中，$q_p(z)$ 见式(NA.3a)或式(NA.3b)；

对于 $z > 50$m，

$$q_p(z) = [1 + 3.0I_v(z)]^2 \cdot 0.5 \cdot \rho \cdot v_m^2 \tag{NA.4b}$$

本国家附件的附录 A 给出了确定 $q_p(z)$ 的流程图。

A1 注:式(NA.4b)一般均适用。A1

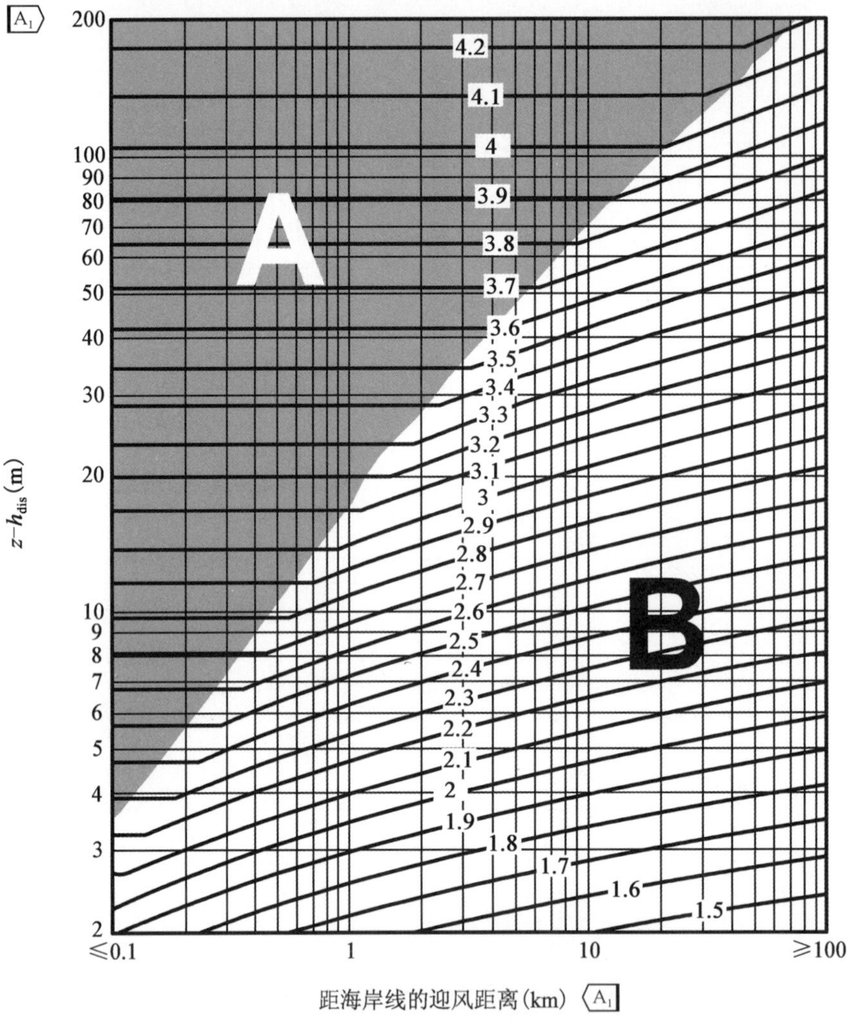

图 NA.7 暴露系数 $c_e(z)$

NA.2.18 空气密度 ρ

[BS EN 1991-1-4:2005,4.5 (1)注 2]

空气密度 ρ 应取 1.226kg/m³。

NA.2.19 确定迎风面风压和背风面风压之间的弱相关性的步骤

[BS EN 1991-1-4:2005,5.3(5)]

A1 当采用 BS EN 1991-1-4:2005 中式(5.5)时,BS EN 1991-1-4:2005 中 7.2.2(3)给出的规定可应用于计算所有迎风面和背风面上的荷载总和,即折减系数可用来计算墙和屋面的水平力分量。A1

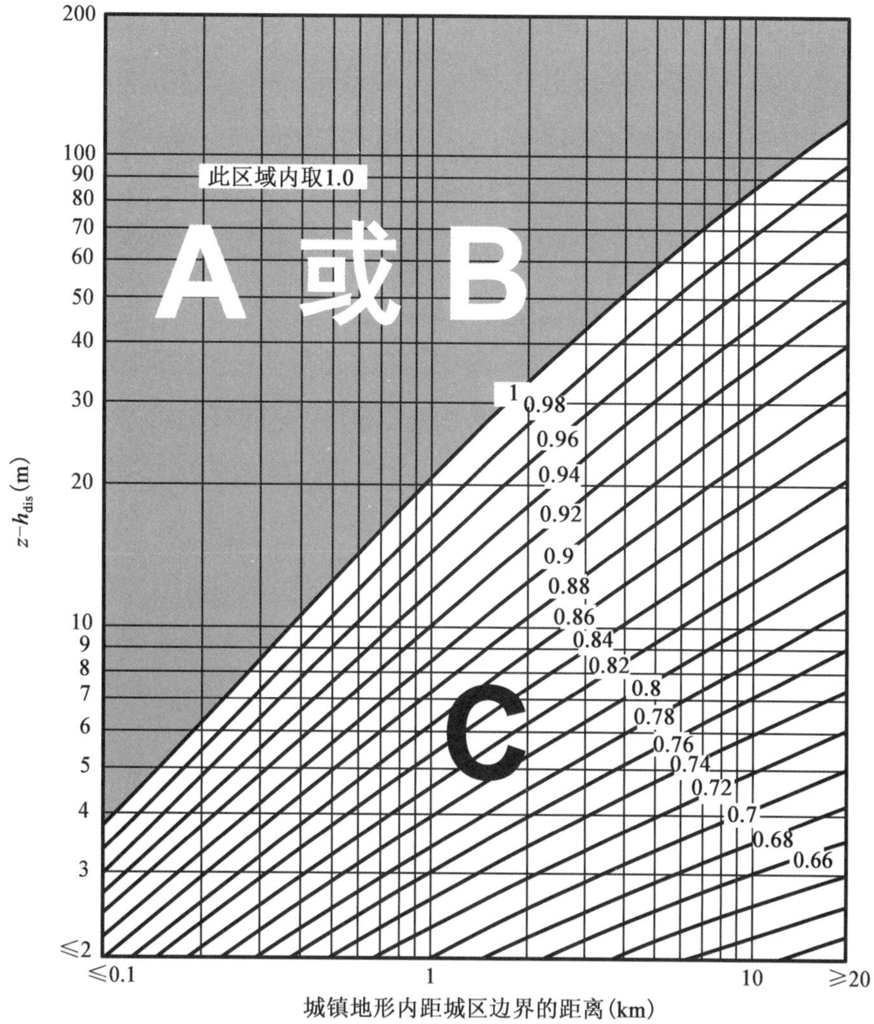

注1:z对应于采用式(NA.3a)或式(NA.3b)计算q_p时的高度。

注2:图示区域A、B和C用于表NA.3。

A1 注3:城镇地形内距城镇边界小于0.1km的场址应视为乡村地形。A1

图 NA.8 城镇地形场址的暴露修正系数 $c_{e,T}$

NA.2.20 结构系数 $c_s c_d$ 分为独立的尺寸系数 c_s 和动力系数 c_d [BS EN 1991-1-4:2005,6.1(1)]

结构系数 $c_s c_d$ 可分为独立的尺寸系数 c_s 和动力系数 c_d。尺寸系数 c_s 可根据表 NA.3 或 BS EN 1991-1-4:2005 中式(6.2)确定。动力系数 c_d 可根据图 NA.9或 BS EN 1991-1-4:2005 中式(6.3)确定。

注:表 NA.3 和图 NA.9 基于 BS EN 1991-1-4:2005 中式(6.2)和式(6.3)计算。

表 NA.3 图 NA.7 和图 NA.8 中区域 A、B 和 C 的尺寸因子 c_s

$b+h$	$z-h_{dis}\leqslant 6$m			$z-h_{dis}=10$m			$z-h_{dis}=30$m			$z-h_{dis}=50$m			$z-h_{dis}=200$m		
m	A	B	C	A	B	C	A	B	C	A	B	C	A	B	C
≤5	1.00	1.00	1.00	1.00	1.00	1.00	1.00	1.00	1.00	1.00	1.00	1.00	1.00	1.00	1.00

表 NA.3 (续)

$b+h$	$z-h_{dis}$≤6m			$z-h_{dis}$=10m			$z-h_{dis}$=30m			$z-h_{dis}$=50m			$z-h_{dis}$=200m		
m	A	B	C	A	B	C	A	B	C	A	B	C	A	B	C
10	0.95	0.94	0.88	0.95	0.95	0.90	0.96	0.96	0.93	0.97	0.96	0.94	0.98	0.97	0.97
20	0.93	0.91	0.84	0.93	0.92	0.87	0.95	0.94	0.90	0.95	0.95	0.92	0.96	0.96	0.95
30	0.91	0.89	0.81	0.92	0.91	0.84	0.94	0.93	0.88	0.94	0.93	0.90	0.96	0.95	0.93
40	0.90	0.88	0.79	0.91	0.89	0.82	0.93	0.91	0.86	0.93	0.92	0.88	0.95	0.94	0.92
50	0.89	0.86	0.77	0.90	0.88	0.80	0.92	0.90	0.85	0.92	0.91	0.87	0.94	0.94	0.91
70	0.87	0.84	0.74	0.88	0.86	0.77	0.90	0.89	0.83	0.91	0.90	0.85	0.93	0.92	0.90
100	0.85	0.82	0.71	0.86	0.84	0.74	0.89	0.87	0.80	0.90	0.88	0.82	0.92	0.91	0.88
150	0.83	0.80	0.67	0.84	0.82	0.71	0.87	0.85	0.77	0.88	0.86	0.79	0.90	0.89	0.85
200	0.81	0.78	0.65	0.83	0.80	0.69	0.85	0.83	0.74	0.86	0.84	0.77	0.89	0.88	0.83
300	0.79	0.75	0.62	0.80	0.77	0.65	0.83	0.80	0.71	0.84	0.82	0.73	0.87	0.85	0.80

b = 建筑或建筑某部分的横风向宽度,或构件宽度。

h = 建筑或建筑某部分的高度,或构件长度。

z = 建筑的高度或到构件顶端的高度[或建筑某部分的高度,见 BS EN 1991-1-4:2005 中 7.2.2(1)],可使用插值获得。

区域 A、B 或 C 可由如下确定:

对于乡村地形中的场址,通过图 NA.7 根据距海岸线的距离和($z-h_{dis}$)确定。

对于城镇地形中的场址,首先根据图 NA.8 中距城镇边界的距离和($z-h_{dis}$)确定区域 C 是否适用。如果不适用,再根据距海岸线的距离和($z-h_{dis}$)来判断是否适用于区域 A 或区域 B,如图 NA.7 所示。

NA.2.21 峰值因子、背景响应因子和共振响应因子的确定方法 [BS EN 1991-1-4:2005,6.3.1 (1)注 3]

应采用 BS EN 1991-1-4:2005 附录 B 中的建议方法。

NA.2.22 顺风向位移及顺风加速度标准差的确定方法 [BS EN 1991-1-4:2005,6.3.2 (1)注]

应采用 BS EN 1991-1-4:2005 附录 B 中的建议方法。

NA.2.23 非对称与有利风压和风荷载——由斜风或缺乏相关性引起的扭转效应 [BS EN 1991-1-4:2005,7.1.2 (2)注]

BS EN 1991-1-4: 2005 中 7.1.2(2)的注 a)和 b)中推荐的方法仍然适用,但 BS EN 1991-1-4: 2005 中图 7.1 需被替换为图 NA.10。

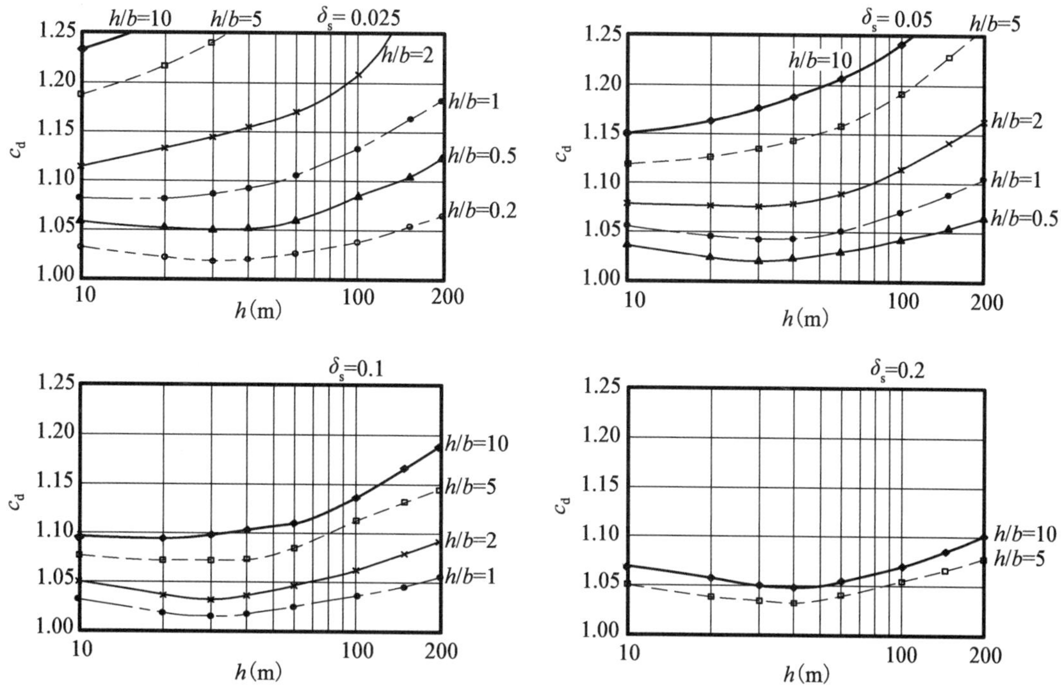

注1: 图NA.9基于v_b=26m/s，n_1h=46，z_e=0.6h得出(对于其他风速，c_d的值不会发生显著变化)。

注2: 尺寸系数c_s考虑了建筑外表面阵风荷载的非同步性。它可应用于单独的结构构件、幕墙以及整个结构。

注3: 动力系数c_d考虑了脉动风荷载与结构模态共振的影响。对于具有典型阻尼和频率特征的建筑，推导出了如图NA.9所示的简化结果。利用BS EN 1991-1-4:2005中6.3的方法将得到更为精确的结果。

注4: 对于高度不超过20m的建筑，包括电梯和楼梯周围有额外砖石内墙(结构墙)的框架结构、砖石及木结构建筑以及夹层面板及其构件，动力系数c_d可取1.0。

注5: BS EN 1991-1-4:2005中附录F.5给出了典型结构的对数衰减率δ_s值。

图 NA.9　不同结构阻尼对数衰减率 δ_s 对应的动力系数 c_d

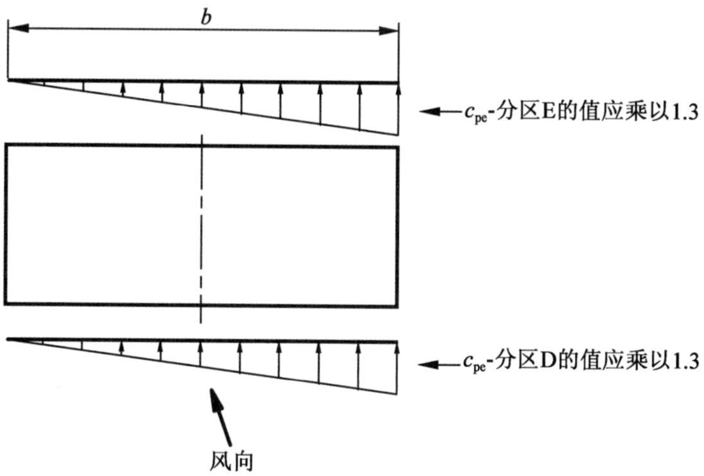

注1: 图中所示的压力分布用于产生逆时针扭转。

A1 **注2:** 净压力系数应同样分布，以得到扭转荷载。A1

图 NA.10　用于考虑扭转效应的压力分布(分区和 c_{pe}值参见 BS EN 1991-1-4:2005 中表 7.1 和图 7.5)

NA.2.24 冰雪效应

[BS EN 1991-1-4:2005,7.1.3 (1)]

本国家附件未提供任何额外指南。

BS EN 1993-3-1 给出了格构式结构的设计指南;对于其他结构,应寻求专家建议。

NA.2.25 1～10m² 负载区域中外压系数的确定方法

[BS EN 1991-1-4:2005,7.2.1 (1)注 2]

不应使用 BS EN 1991-1-4:2005 中图 7.2。

荷载面积为 1m² 时应使用 $c_{pe,1}$ 的值,荷载面积 >1m² 时应使用 $c_{pe,10}$ 的值。

NA.2.26 背风面与侧面动压分布规律

[BS EN 1991-1-4:2005,7.2.2 (1)]

应采用建议的规定,并假定风压全高度均匀分布。

NA.2.27 矩形平面建筑立墙外压系数的取值

[BS EN 1991-1-4:2005,7.2.2 (2)注 1]

[A1>不应使用 BS EN 1991-1-4:2005 中表 7.1。对于 BS EN 1991-1-4:2005 图 7.5所示各区域墙体,应用表 NA.4 确定其外压系数值。

表 NA.4 矩形平面建筑立墙外压系数值($c_{pe,10}$和 $c_{pe,1}$)

h/d	分区				
	A	B	C	D	E
5	-1.2	-0.8	-0.5	+0.8	-0.7
1.0	-1.2	-0.8	-0.5	+0.8	-0.5
≤ 0.25	-1.2	-0.8	-0.5	+0.7	-0.3

<A1]

使用上表时应注意以下几点:

[A1>a) 以上系数可适用于与竖直方向成 ±15°范围内的非竖直墙;

b) 对于 $h/d>5$ 的建筑,在没有更好试验数据的情况下,可采用 $h/d=5$ 对应的风压系数来推导幕墙压力;<A1]

c) 对于桥墩,见与 BS EN 1991-1-4:2005 中 8.4.2 相关的 NA.2.55;

d) 当两栋建筑的墙壁相互面对,且两者间距小于 e 时(如果两栋建筑的 e 值不同,则取较小值),"漏斗效应"将加速流动并使区域 A,B 和 C 中的风压系数比无干扰的"独立"建筑物的情况负值更大,具体如下:

1)当建筑间距 < $e/4$ 或 > e 时,应使用无干扰状态下建筑的风压系数;

2)当建筑间距 > $e/4$ 且 < e 时:

- 可偏安全地采用考虑漏斗效应后建筑的风压系数,或
- 根据实际间距在下述值之间进行线性插值:当实际间距为 $e/2$ 时,采用考虑漏斗效应后建筑的风压系数;当实际间距为 $e/4$ 和 e 时,采用无干扰状态下建筑的风压系数。

[A1] 3)当两座建筑被来流方向上其他建筑遮挡,满足($z_e - h_{dis}$) < $0.4z_e$(z_e 为参考高度),时,两栋建筑中较矮者,可忽略漏斗效应 。[A1]

e)受"漏斗效应"影响的侧面外压系数取:分区 A 为 -1.6,分区 B 为 -0.9,分区 C 为 -0.9。

[A1] f)为确定建筑的总荷载,下图中的净压系数可代替分区 D 和分区 E 的风压系数之和。BS EN 1991-1-4:2005 中 7.2.2(3)给出的关于迎风面风压和背风面风压之间缺乏相关性的解释条款也适用于净压系数。

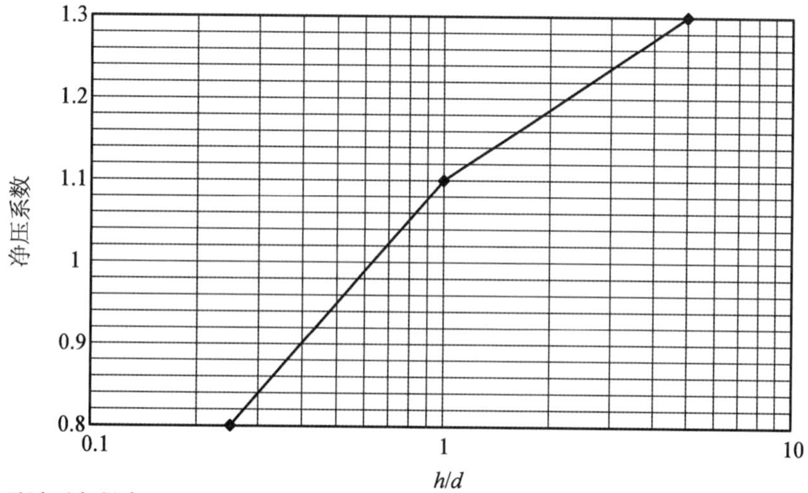

注:该图基于以下方程式:

对于5>(h/d)>1.00,净压系数=1.1+0.1243 ln(h/d);

对于1>(h/d)>0.25,净压系数=1.1+0.2164 ln(h/d)。

净压系数

当净压系数用于总荷载时,应使用表 NA.4 中的风压系数和附加说明 a)至 d)导出幕墙压力。[A1]

NA.2.28 [A1]平屋面、单坡屋面、双坡屋面和四坡屋面的风压系数 [BS EN 1991-1-4:2005,7.2.3 至 7.2.6]

BS EN 1991-1-4:2005 中图 7.6、图 7.7、图 7.8 和图 7.9 中的推荐分区应分别

用于平屋面、单坡屋面、双坡屋面和四坡屋面。

不应使用 BS EN 1991-1-4:2005 中的表 7.2、表 7.3a)、表 7.3b)、表 7.4a)、表 7.4b)和表 7.5。

平屋面、单坡屋面、双坡屋面和四坡屋面的外压系数见表 NA.5、表 NA.6a)、表 NA.6b)、表 NA.7a)、表 NA.7b)和表 NA.8。

表 NA.5　平屋面的外压系数($c_{pe,10}$和 $c_{pe,1}$)

<table>
<tr><th colspan="2" rowspan="2">屋面类型</th><th colspan="4">分区</th></tr>
<tr><th>F</th><th>G</th><th>H</th><th>I</th></tr>
<tr><td colspan="2" rowspan="2">尖角屋檐</td><td rowspan="2">-2.0</td><td rowspan="2">-1.4</td><td rowspan="2">-0.7</td><td>-0.2</td></tr>
<tr><td>0.2</td></tr>
<tr><td rowspan="6">带女儿墙</td><td rowspan="2">$h_p/e=0.05$</td><td rowspan="2">-1.9</td><td rowspan="2">-1.3</td><td rowspan="2">-0.7</td><td>-0.2</td></tr>
<tr><td>0.2</td></tr>
<tr><td rowspan="2">$h_p/e=0.1$</td><td rowspan="2">-1.85</td><td rowspan="2">-1.3</td><td rowspan="2">-0.7</td><td>-0.2</td></tr>
<tr><td>0.2</td></tr>
<tr><td rowspan="2">$h_p/e\geq0.20$</td><td rowspan="2">-1.4</td><td rowspan="2">-1.0</td><td rowspan="2">-0.7</td><td>-0.2</td></tr>
<tr><td>0.2</td></tr>
<tr><td rowspan="6">圆角屋檐</td><td rowspan="2">$r/e=0.05$</td><td rowspan="2">-1.05</td><td rowspan="2">-1.2</td><td rowspan="2">-0.4</td><td>-0.2</td></tr>
<tr><td>0.2</td></tr>
<tr><td rowspan="2">$r/e=0.10$</td><td rowspan="2">-0.75</td><td rowspan="2">-0.8</td><td rowspan="2">-0.3</td><td>-0.2</td></tr>
<tr><td>0.2</td></tr>
<tr><td rowspan="2">$r/e=0.20$</td><td rowspan="2">-0.55</td><td rowspan="2">-0.55</td><td rowspan="2">-0.3</td><td>-0.2</td></tr>
<tr><td>0.2</td></tr>
<tr><td rowspan="6">折角屋檐</td><td rowspan="2">$\alpha=30°$</td><td rowspan="2">-0.95</td><td rowspan="2">-1.0</td><td rowspan="2">-0.3</td><td>-0.2</td></tr>
<tr><td>0.2</td></tr>
<tr><td rowspan="2">$\alpha=45°$</td><td rowspan="2">-1.2</td><td rowspan="2">-1.3</td><td rowspan="2">-0.4</td><td>-0.2</td></tr>
<tr><td>0.2</td></tr>
<tr><td rowspan="2">$\alpha=60°$</td><td rowspan="2">-1.35</td><td rowspan="2">-1.25</td><td rowspan="2">-0.6</td><td>-0.2</td></tr>
<tr><td>0.2</td></tr>
<tr><td colspan="6">注 1:对于带女儿墙或圆角屋檐的屋面,当 h_p/h 和 r/h 为中间值时,可采用线性内插法。
注 2:对于折角屋檐的屋面,当 α 取 30°、45° 和 60°之间的值时,可采用线性内插法。$\alpha>60°$时, 可在 $\alpha=60°$ 的折角屋檐的屋面和尖角屋檐的平屋面之间进行线性内插。
注 3:分区 I 的Ⅱ,负值都应考虑。
注 4:对于折角屋檐本身,其外压系数见表 7.4a)“双坡屋面外压系数的建议值”中 0°风向角分区 F 和分区 G 对应的值,与折角屋檐的仰角有关。
注 5:对于圆角屋檐本身,其外压系数在立墙和屋面之间进行线性内插。
注 6:对于水平尺寸小于 $e/10$ 的折角屋檐,应使用尖角屋檐的值。参数 e 的定义见图 7.6。〈A1</td></tr>
</table>

Ⓐ₁ 表 NA.6a) 单坡屋面的外压系数($c_{pe,10}$和$c_{pe,1}$)

仰角 α	0°风向角的分区			180°风向角的分区		
	F	G	H	F	G	H
5°	-1.8 +0.0	-1.2 +0.0	-0.6 +0.0	-2.4	-1.1	-0.8
15°	-1.1 +0.2	-0.8 +0.2	-0.4 + 0.2	-2.6	-1.0	-0.9
30°	-0.5 +0.8	-0.5 +0.5	-0.2 +0.4	-1.7	-1.0	-0.9
45°	-0.0 +0.8	-0.0 +0.6	-0.0 +0.7	-0.9	-0.8	-0.9
60°	+0.8	+0.8	+0.8	-1.0	-0.7	-0.7
75°	+0.8	+0.8	+0.8	-1.1	-0.7	-0.7

注1:对于0°风向角分区(见表NA.5),当仰角α在+5°到+45°之间变化时,风压在正、负值之间快速变化,因此同时给出了正、负值。对于这类屋面,应考虑两种工况:一种工况全部取正值,一种工况全部取负值。在同一个面,不允许正值和负值混合使用。

注2:在取值同号的情况下,仰角中间值对应的外压系数可采用线性内插。为便于内插,可以给出零值。

表 NA.6b) 单坡屋面的外压系数($c_{pe,10}$和$c_{pe,1}$)

仰角 α	90°风向角的分区				
	F_{up}	F_{low}	G	H	I
5°	-2.2 +0.0	-2.1 +0.0	-1.1 +0.0	-0.7 +0.0	-0.7 +0.0
15°	-2.6 +0.2	-1.6 +0.2	-1.1 +0.2	-0.8 +0.2	-0.8 +0.2
30°	-1.7 +0.5	-1.3 +0.5	-1.2 +0.4	-1.0 +0.3	-0.8 +0.2
45°	-1.5 +0.6	-1.3 +0.6	-1.2 +0.5	-1.0 +0.4	-0.9 +0.3
60°	-1.2 +0.7	-1.2 +0.7	-1.2 +0.7	-0.4 +0.5	-0.2 +0.5
75°	-1.2 +0.8	-1.2 +0.8	-1.2 +0.8	-0.4 +0.7	-0.2 +0.6

注:在取值同号的情况下,仰角中间值对应的外压系数可采用线性内插。为便于内插,可以给出零值。

Ⓐ₁

[A1>表 NA.7a) 双坡屋面的外部压力系数($c_{pe,10}$和 $c_{pe,1}$)

仰角 α	0°风向角的分区				
	F	G	H	I	J
-45°	-0.9	-0.8	-0.9	-0.7	-1.1
-30°	-1.7	-1.0	-0.9	-0.7	-0.8
-15°	-2.6	-1.0	-0.9	-0.5	-0.7
-5°	-2.4	-1.2	-0.8	-0.5	-0.5
5°	-1.8	-1.2	-0.6	-0.4	-0.9
	+0.0	+0.0	+0.0	-0.4	-0.9
15°	-1.1	-0.8	-0.4	-0.5	-1.3
	+0.2	+0.2	+0.2	-0.5	-1.3
30°	-0.5	-0.5	-0.2	-0.5	-0.9
	+0.8	+0.5	+0.4	-0.5	-0.9
45°	-0.0	-0.0	-0.0	-0.5	-0.8
	+0.8	+0.6	+0.7	-0.5	-0.8
60°	+0.8	+0.8	+0.8	-0.6	-0.8
75°	+0.8	+0.8	+0.8	-0.8	-0.9

注1:对于0°风向角分区,当仰角 α 在+5°到+45°之间变化时,风压在正、负值之间快速变化,因此同时给出了正、负值。对于这类屋面,应考虑四种工况:分区 F、G 和 H 中的最大值或最小值与分区 I、J 中的最大值或最小值组合。在同一个面,不允许正值和负值混合使用。

注2:在取值同号的情况下,仰角中间值对应的外压系数可采用线性内插(α 位于-5°和+5°之间时,使用7.2.3 中的平屋面数据,不进行内插)。为便于内插,可以给出零值。

表 NA.7b) 双坡屋面的外压系数($c_{pe,10}$和 $c_{pe,1}$)

仰角 α	90°风向角的分区			
	F	G	H	I
-45°	-1.5	-1.3	-1.0	-0.9
-30°	-1.7	-1.3	-1.0	-0.8
-15°	-2.6	-1.4	-0.8	-0.8
-5°	-2.2	-1.5	-0.7	-0.7
5°	-2.0	-1.1	-0.6	-0.5
	+0.0	+0.0	+0.0	+0.0
15°	-1.6	-1.5	-0.6	-0.4
	+0.2	+0.2	+0.2	+0.2
30°	-1.2	-1.1	-0.6	-0.5
	+0.5	+0.4	+0.3	+0.2

<A1]

表 NA.7b)（续）

A 仰角 α	90°风向角的分区			
	F	G	H	I
45°	-1.2 +0.6	-1.2 +0.5	-0.6 +0.4	-0.4 +0.3
60°	-1.2 +0.7	-1.2 +0.7	-0.7 +0.5	-0.6 +0.5
75°	-1.2 +0.8	-1.2 +0.8	-0.7 +0.7	-0.6 +0.6

注：在取值同号的情况下，仰角中间值对应的外压系数可采用线性内插（α 位于 -5°和 +5°之间时，使用 BS EN 1991-1-4:2005 中 7.2.3 的平屋面数据，不进行内插）。为便于内插，可以给出零值。

表 NA.8 四坡屋面的外压系数（$c_{pe,10}$和 $c_{pe,1}$）

仰角 α	0°风向角和90°风向角的分区								
	F	G	H	I	J	K	L	M	N
-45°	-1.4	-1.0	-1.0	-0.7	-0.7	-0.4	-1.1	-1.0	-0.9
-30°	-2.3	-1.2	-1.0	-0.7	-1.3	-0.8	-1.0	-1.0	-0.8
-15°	-2.6	-1.0	-0.9	-0.6	-1.4	-1.3	-0.9	-0.9	-0.8
-5°	-2.3	-1.1	-0.8	-0.6	-0.8	-0.6	-1.1	-0.8	-0.8
5°	-1.8 +0.0	-1.2 +0.0	-0.6 +0.0	-0.6 -0.6	-0.8 -0.8	-0.6 -0.6	-1.1 +0.0	-0.6 +0.0	-0.6 +0.0
15°	-1.3 +0.2	-0.8 +0.2	-0.5 +0.2	-0.6 -0.6	-1.4 -1.4	-1.3 -1.3	-0.9 +0.0	-0.6 +0.0	-0.4 +0.0
30°	-0.5 +0.8	-0.5 +0.5	-0.2 +0.4	-0.6 -0.6	-1.3 -1.3	-0.8 -0.8	-1.0 +0.0	-0.6 +0.0	-0.5 +0.0
45°	-0.0 +0.8	-0.0 +0.6	-0.0 +0.7	-0.6 -0.6	-0.7 -0.7	-0.4 -0.4	-1.1 +0.0	-0.6 +0.0	-0.4 +0.0
60°	+0.8	+0.8	+0.8	-0.7	-0.6	-0.3	-1.2	-0.7	-0.6
75°	+0.8	+0.8	+0.8	-1.2	-0.6	-0.3	-1.2	-0.7	-0.6

注1：对于0°风向角分区（见表 NA.5），当仰角 α 在 +5°到 +45°之间变化时，风压在正、负值之间快速变化，因此同时给出了正、负值。对于这类屋面，应考虑两种工况：一种工况全部取正值，一种工况全部取负值。在同一个面，不允许正值和负值混合使用。

注2：在取值同号的情况下，仰角中间值对应的外压系数可采用线性内插。为便于内插，可以给出零值。

注3：迎风面仰角一般对风压系数取值起控制作用。A1

NA.2.29 拱形屋面和穹顶的 $c_{pe,1}$ 和 $c_{pe,10}$ 值 [BS EN 1991-1-4:2005，7.2.8（1）注]

不应使用 BS EN 1991-1-4:2005 中的图 7.11。

图 NA.11 和图 NA.12 分别给出了拱形屋面迎风区 A 和中心区 B 的外压系数。背风区 C 的风压系数在 h/d ≤5.0 且 f/d≤0.5 时应取[A1 -0.5 A1]。

对于穹顶,应使用 BS EN 1991-1-4:2005 中图 7.12 的建议值。

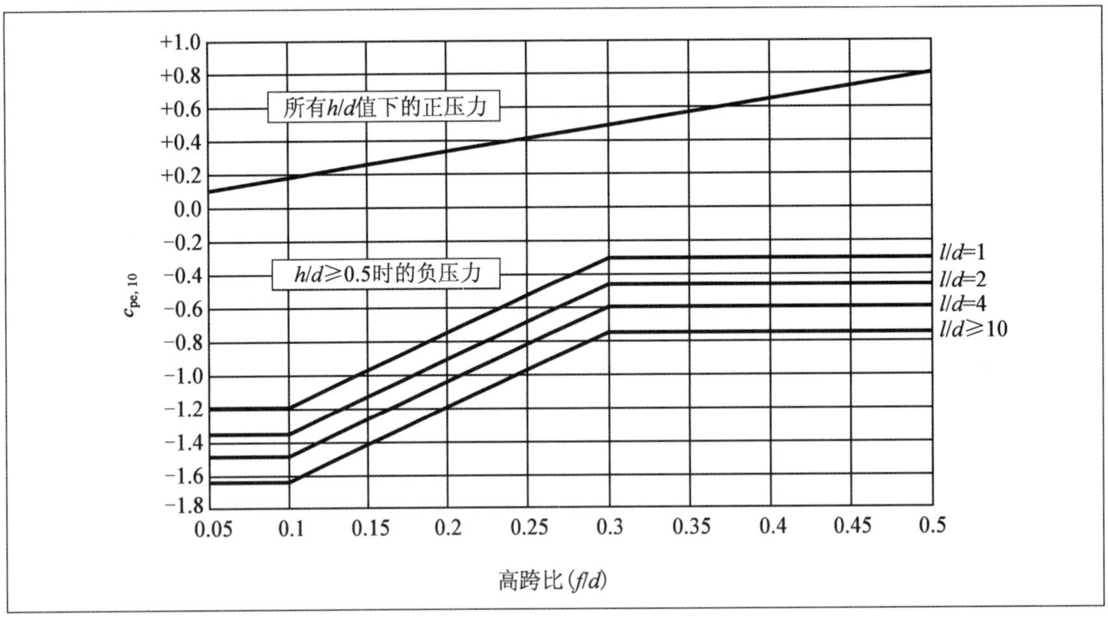

图 NA.11　$\theta=0°$时拱形屋面分区 A 的外压系数 $c_{pe,10}$

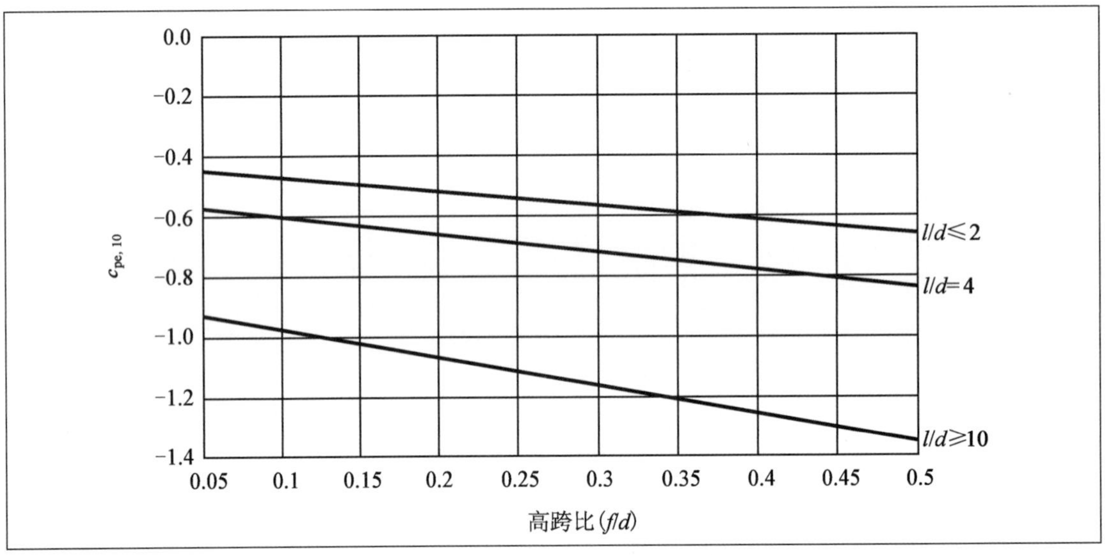

图 NA.12　穹顶分区 B 的外压系数 $c_{pe,10}$

[A1 **注 1**:分区 A、B 和 C 由 BS EN 1991-1-4:2005 中图 7.11 定义。

注 2:当 h/d ≥0.5 时,分区 A 可能会交替出现正、负压力值,两种情况都需考虑。

注 3:当 A 和 B 内的压力分布是不均匀的,并且可能出现局部高压力区域。对于屋脊和边缘区,应采用表 NA.7a)中 G、F 和 J 区的 $c_{pe,1}$值。等效屋面坡度按考察范围内的筒形拱盖的切线确定。

注 4:风荷载在穹顶(θ = 90°)上墙端时,$c_{pe,10}$和 $c_{pe,1}$值可以按表 NA.7 b)给出的双坡屋面对应的值取用。A1]

NA.2.30 内部风压——有关开孔和背景透风率的附加信息

[BS EN 1991-1-4:2005,7.2.9 (2)注]

若无更多具体信息,应使用表 NA.9 中的数据。现代建造方法可能会使实际透风率低于表 NA.9 中给出的数据。

表 NA.9 英国建筑通用透风率

建筑形式	透风率(开孔面积/总面积)
办公室幕墙	3.5×10^{-4}
办公室内部隔断墙	7.0×10^{-4}
住房	10.5×10^{-4}
节能型住房	4.0×10^{-4}

NA.2.31 多层墙面或屋面的风压

[BS EN 1991-1-4:2005,7.2.10 (3)注 1]

应采用建议条款。

NA.2.32 多层墙面或屋面的风压

[BS EN 1991-1-4:2005,7.2.10 (3)注 2]

多层墙面或屋面上的风压应按建议条款取值。

注 1:本条款不适用于未密封搭接的具有重叠杆件的小型屋面构件,例如瓷砖或石板。[A1)可参考 BS 5534。(A1]

注 2:当一层或者各层结构均由小砌块单元构成,例如砖块、砌块、方形天然石材或碎石砌体等,且各层被有效[A1) 连接(A1] 到一起时,空心墙将被视为单层墙面。

[A1) NA.2.33 挑篷屋面

[BS EN 1991-1-4:2005,7.3 (6)]

压力中心位置应采用建议值。(A1]

NA.2.34 自立式墙和女儿墙的风压系数

[BS EN 1991-1-4:2005,7.4.1 (1)]

应采用 BS EN 1991-1-4:2005 中表 7.9 的建议值。

NA.2.35 水平偏心距

[BS EN 1991-1-4:2005,7.4.3 (2)]

应采用建议值。

注 1:BS EN 12899-1 中给出了广告牌的水平偏心率。

NA.2.36 圆角矩形截面的折减系数

[BS EN 1991-1-4:2005,7.6 (1)注 1]

ψ_r 应采用 BS EN 1991-1-4:2005 中图 7.24 的建议值。

NA.2.37 尖角截面结构构件

[BS EN 1991-1-4:2005,7.7 (1)注 1]

尖角截面结构构件风压系数应采用建议值 2.0。

NA.2.38 正多边形截面的结构构件——力系数 $c_{f,0}$

[BS EN 1991-1-4:2005,7.8 (1)]

$c_{f,0}$应采用 BS EN 1991-1-4:2005 中表 7.11 的建议值。

A1 **NA.2.39 圆柱体的风荷载系数**

[BS EN 1991-1-4:2005,7.9.2 (2)]

等效粗糙度 k 应采用 BS EN 1991-1-4:2005 中表 7.13 给出的建议值。

NA.2.40 成行排列竖直圆柱体的力系数

[BS EN 1991-1-4:2005,表 7.14]

BS EN 1991-1-4:2005 中表 7.14 未提供当 $a/b \leqslant 2.5$ 时关于 k 的取值建议。A1

NA.2.41 球体的力系数

[BS EN 1991-1-4:2005,7.10 (1)注 1]

$c_{f,x}$应采用 BS EN 1991-1-4:2005 中图 7.30 给出的建议值。

NA.2.42 无气密装置且受实体建筑遮挡的脚手架的折减系数

[BS EN 1991-1-4:2005,7.11 (1)注 2]

应采用 BS EN 12811-1 给出的建议值。

条款中给出的方法没有考虑来自多排平面框架或格构式结构的遮挡效应。当风向垂直于多排平面框架或格构式结构时,其总荷载可能显著降低。详见 *Wind loadings: a practical guide to BS 6399-2, wind loads on buildings*[3]和 *Wind loadson unclad structures*[4]。

NA.2.43 端部效应因子

[BS EN 1991-1-4:2005,7.13 (1)]

应采用 BS EN 1991-1-4:2005 中图 7.36 给出的建议值。

NA.2.44 有效长细比

[BS EN 1991-1-4:2005,7.13 (2)]

λ 应采用表 NA.10 给出的建议值,不应采用 BS EN 1991-1-4:2005 中的表 7.16。

表 NA.10 圆柱体、多边形截面、矩形截面、尖角截面和格构式结构的 λ 值

结构的位置	有效长细比 λ
出平面的风荷载 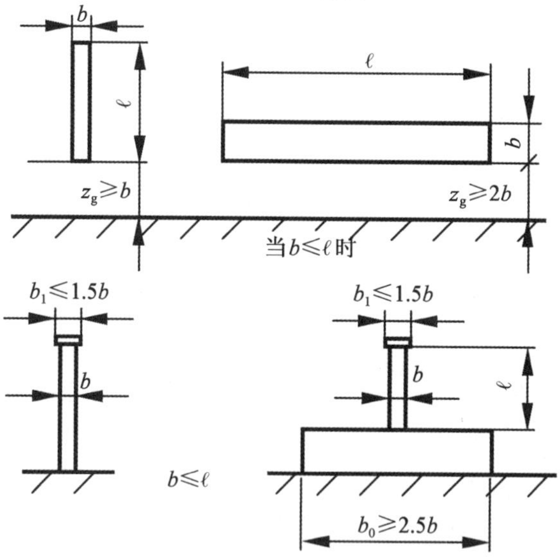	[A1> $\lambda = (\ell/b)(2/c_{f,o})$ <A1]
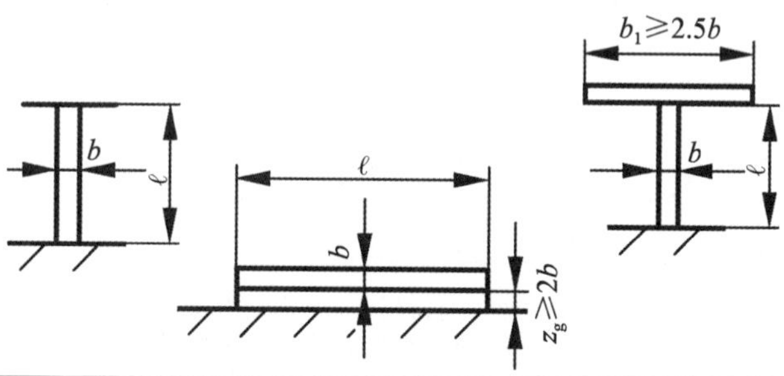	[A1> $\lambda = (2\ell/b)(2/c_{f,o})$ <A1]

NA.2.45 其他类型桥梁上的风荷载

[BS EN 1991-1-4:2005,8.1 (1)注 1]

未提供其他类型桥梁(例如拱桥、开启桥和具有多幅主梁或曲线梁的桥梁)上风荷载的额外指南。上述桥梁中结构构件上的风荷载可根据 BS EN 1991-1-4:2005 的相关条款及本国家附件修订条款确定。为了确定此类桥梁风荷载引起的总体响应,应寻求专家建议。

NA.2.46 风向与桥梁轴线的夹角

[BS EN 1991-1-4:2005,8.1 (1)注2]

应采用 BS EN 1991-1-4:2005 中的图 8.2 和图 8.6 确定风向与桥梁轴线的夹角。

NA.2.47 同时考虑车辆荷载和风荷载时的基本风速值

[BS EN 1991-1-4:2005,8.1 (4)]

$v_{b,0}^{*}$取 $v_{b,0}$用,但由式(NA.3a)或式(NA.3b)确定的峰值动压 $q_p(z)$的最大值不应超过 750Pa,其中 z 为桥面离地高度。

NA.2.48 同时考虑列车荷载和风荷载时的基本风速值

[BS EN 1991-1-4:2005,8.1 (5)]

$v_{b,0}^{*}$取 $v_{b,0}$采用,但由式(NA.3a)或式(NA.3b)确定的峰值动压 $q_p(z)$的最大值不应超过 980Pa,其中 z 为离地高度。

NA.2.49 响应计算方法的选取

[BS EN 1991-1-4:2005,8.2 (1)注1]

NA.2.49.1 顺风向响应(沿气流方向)

成桥状态下跨度小于 200m 的公路和铁路桥一般不需要单独考虑顺风向的动力响应。

NA.2.49.2 竖向响应

当满足如下条件时,竖向响应引起的动力放大效应也可忽略:

a)由 BS EN 1991-1-4:2005 附录 F 计算得到的竖弯和扭转基频均大于 1Hz;

或

b) $$P(z)\frac{\sigma_{fm}b}{\sigma_c}\leqslant 1.0 \qquad (NA.5)$$

其中:

$$P(z)=\left[\frac{v_m(z)}{n_b b}\right]^2\left(\frac{\rho b^2}{m}\right)$$

式中:ρ——空气密度,取 1.226 kg/m^3;

b——桥面全宽(详见 BS EN 1991-1-4:2005 中图 8.2);

m——桥梁单位长度的质量(详见注 1);

$v_m(z)$——平均风速(对有利区域),由 BS EN 1991-1-4:2005 中 4.3.1 确定其中 $c_r(z)$ 按 NA.2.11 确定;

z_s——桥面离地高度(详见 BS EN 1991-1-4:2005 中图 6.1);

n_b——竖弯模态基频(见注 2);

σ_{fm}——第一阶竖弯模态单位挠度下结构的峰值应力,取相关构件中的最大应力;

σ_c——参考应力,定义如下:

对于钢梁构件,翼缘纵向弯曲应力 $\sigma_c = 600\text{MPa}$;

对于桁架梁构件,弦杆轴向应力 $\sigma_c = 750\text{MPa}$;

对于混凝土(组合梁或者混凝土梁)构件,主弯曲应力 $\sigma_c = 80\text{MPa}$;

对于斜拉桥,还应考虑斜拉索轴向峰值应力,$\sigma_c = 1200\text{MPa}$。

注 1:应注意单位统一,尤其是 ρ 和 m;其中 ρ 的单位为 kg/m^3,和其他参数保持统一。

注 2:结构频率通过动力分析或特征值分析得出;BS EN 1991-1-4:2005 附录 F,提供了通用跨径布置桥梁的基频近似公式。

当满足以上条件时,单跨梁桥可参考 BS EN 1991-1-4:2005 中 8.3.2(由本国家附件修正)给出的方法确定顺风向和竖向响应,连续梁桥可采用 NA.2.56 给出的方法。

如果不满足这些条件,应考虑湍流脉动风引起的动力效应,并寻求专家建议。

NA.2.49.3 空气动力稳定性

应使用下列准则来评价桥梁是否容易出现空气动力稳定性。[A1)删除的文本(A1]

应使用气动敏感性参数 P_b 对结构进行气动分类,定义如下:

$$P_b = P(z)\left(\frac{16b}{L}\right) \tag{NA.6}$$

式中:L——桥梁的最大跨径;

$P(z)$、b——见 NA.2.49.2b)。

桥梁应分为如下几类:

a)当 $P_b \leqslant 0.04$ 时,按 BS EN 1991-2 中规定的荷载设计、按常规方法建造的桥梁,可认为其各种空气动力学稳定性均不显著。若满足 PD 6688-1-4 中的相关条件,必要时仍可应用 BS EN 1991-1-4:2005 及本国家附件给出的方法评估其气动稳定性。

b)当 $0.04 \leqslant P_b \leqslant 1.00$ 时,桥梁应视为符合 BS EN 1991-1-4 和本国家附件的适

用范围。若满足 PD 6688-1-4 中的相关条件,可认为桥梁具有足够的气动稳定性。

c)当 $P_b > 1.00$ 时,桥梁应被视为对气动稳定性非常敏感的结构,应进行风洞试验研究。

常规桥梁主要包括钢结构桥梁、混凝土桥梁、铝结构桥梁、木结构桥梁和组合结构桥梁,相应的主梁截面形式如 BS EN 1991-1-4:2005 中图 8.1 所示。

通常,跨度小于 25m 的普通公路桥梁一般属于 a)类桥梁。跨度大于 250m 的桥梁一般属于 c)类桥梁。

对于参数 b、L 或 n_{1b}不能精确确定的人行天桥、缆索支承桥梁以及其他结构,应视为 c)类桥梁。

上述规定在应用于新颖桥梁设计中时,应得到有关当局的同意。

确定 $v_m(z)$ 时应考虑到陡坡山谷、异常地形等对风速的影响(详见 BS EN 1991-1-4:2005 中附录 A.3)。PD 6688-1-4 给出了有关双幅桥梁结构的设计指南和邻近干扰效应的修正方法。

NA.2.50 桥梁护栏和门架的力系数

[BS EN 1991-1-4:2005,8.3 (1)]

桥梁护栏和门架的力系数应根据 BS EN 1991-1-4:2005 中 7.4、7.6、7.7、7.8、7.9 和 7.11(视具体情况及外形而定)确定。

NA.2.51 F_w 中阻力系数的折减

[BS EN 1991-1-4:2005,8.3.1 (2)]

BS EN 1991-1-4:2005 中 8.3.2 (1)定义的 F_w 值,不应根据 BS EN 1991-1-4:2005 的 8.3.1 (2)进行折减。

NA.2.52 风荷载系数 C 的值

[BS EN 1991-1-4:2005,8.3.2 (1)]

应使用表 NA.11 中给出的 C 值。

表 NA.11 风荷载系数 C 值

b/d_{tot}	$z_e \leq 20m$	$z_e = 50m$
≤0.5	7.4	9.1
≥4.0	4.0	4.9
注:表中 C 值是对 c_e 以及 $c_{f,x}$的简化。通常情况下应采用独立的 c_e 以及 $c_{f,x}$值。		

NA.2.53　力系数 $c_{f,z}$ 的值

[BS EN 1991-1-4:2005,8.3.3 (1)注1]

应采用 BS EN 1991-1-4:2005 中 8.3.3(1)的规定。

NA.2.54　力系数 $c_{f,y}$ 的值

[BS EN 1991-1-4:2005,8.3.4 (1)]

应考虑顺桥向(y 方向)的风荷载。

顺桥向风荷载 F_{wy} 以所关心区域的形心为作用点,其数值应取以下两种情况的较大值:

a)上部结构的纵向风荷载,仅有 F_{sy};

b)上部结构的名义纵向风荷载 F_{sy} 和活荷载(如车辆)的名义纵向风荷载 F_{Ly} 之和,其计算方法视情况从以下1)~6)中选取:

1)上部结构中的实体立面

$$F_{sv}=0.25q_p(z)A_{ref}C_{fx} \quad \text{(NA.7)}$$

式中:$q_p(z)$——峰值动压,见 NA.2.17,须考虑上部结构有、无活载工况;

A_{ref}——参考面积,见 BS EN 1991-1-4:2005 中 8.3.1(4)(a),仅适用于上部结构;

C_{fx}——上部结构力系数(不计入斜腹板折减),见 BS EN 1991-1-4:2005 中 8.3.1,其值不得小于1.3。

2)上部结构中的桁架

$$F_{sv}=0.5q_p(z)A_{ref}C_{fx} \quad \text{(NA.8)}$$

式中:$q_p(z)$——峰值动压,见 NA.2.17,须考虑上部结构有、无活载工况;

A_{ref}——见 BS EN 1991-1-4:2005 中 8.3.1(4)(b);

C_{fx}——见 BS EN 1991-1-4:2005 中 8.3.1。

3)上部结构中的活荷载

$$F_{Ly}=0.5q_p(z)A_{ref}C_{fx} \quad \text{(NA.9)}$$

式中:$q_p(z)$——峰值动压,见 NA.2.17,对应于上部结构有活载工况;

A_{ref}——活荷载加载面积,依据 BS EN 1991-1-4:2005 中 8.3.1(5)确定,相应水平风荷载加载长度按 NA.2.56 确定;

$C_{fx}=1.45$。

4)栏杆和安全护栏

i)对于垂直填充形式,纵向风荷载应取横向(x 方向)风荷载的0.8倍。

ii)对于仅有两或三道水平杆形式，纵向风荷载应取横向（x 方向）风荷载的 0.4 倍。

iii)对于网状形式，纵向风荷载应取横向（x 方向）风荷载。

5)主梁或桁架的外伸悬臂托架

纵向风荷载对应于水平风作用于每个托架区域（未被分格梁或相邻托架遮挡）上的风荷载，水平风与顺桥向成 45°。阻力系数 C_{fx} 应视具体情况按 BS EN 1991-1-4:2005 中 7.6、7.7、7.8、7.9 或者 7.11 取值。

6)桥墩

沿桥轴线水平风产生的纵向风荷载应取：

$$F_{Ly} = q_p(z) A_{ref} C_{fy} \tag{NA.10}$$

式中：$q_p(z)$——峰值动压，见 NA.2.17；

A_{ref}——与顺桥向来流风向垂直的实心投影面积[m^2]；

C_{fy}——力系数，见 NA.2.55，使用时 b 和 t 互换位置。

NA.2.55 桥墩风效应的简化规则

[BS EN 1991-1-4:2005, 8.4.2 (1)注 1]

A1〉为便于使用，桥墩力系数 C_{fp} 的上限值可取自表 NA.12。表中数值基于 BS EN 1991-1-4:2005 中 7.6 确定，其中端部效应因子的 λ 值，按表 NA.10 计算，杆件长度取悬臂梁高度的 2 倍。〈A1

注：NA.2.23 中给出的方法适用于桥墩上非对称荷载工况。

A1〉

表 NA.12 桥墩力系数 C_{fp}

平面形状	t/b	不同高宽比桥墩的 C_{fp}						
		1	2	4	6	10	20	40
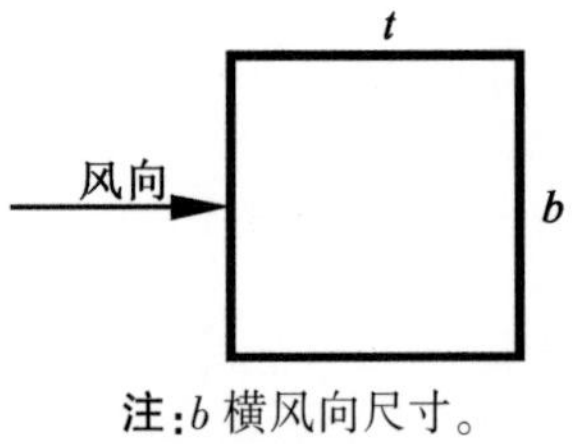 注：b 横风向尺寸。	≤0.25	1.3	1.4	1.4	1.5	1.6	1.8	1.9
	0.333	1.4	1.4	1.5	1.5	1.7	1.8	2.0
	0.50	1.4	1.5	1.6	1.6	1.7	1.9	2.1
	0.667	1.5	1.6	1.6	1.7	1.8	2.0	2.2
	1.0	1.4	1.4	1.5	1.5	1.6	1.8	2.0
	1.5	1.2	1.2	1.3	1.4	1.4	1.6	1.7
	2	1.0	1.1	1.2	1.2	1.3	1.4	1.6
	3	0.9	0.9	1.0	1.0	1.1	1.2	1.3
	≥4	0.8	0.8	0.8	0.9	1.0	1.0	1.1

[A₁) 表 NA.12 （续）

平面形状	t/b	不同高宽比桥墩的 C_{fp}						
		1	2	4	6	10	20	40
对角线正方形(注:此时,尺寸 b 为对角线尺寸)		1.0	1.1	1.1	1.2	1.2	1.4	1.5
八边形		0.83	0.87	0.91	0.94	1.00	1.10	1.21
十二边形		0.72	0.75	0.79	0.81	0.87	0.96	1.05
表面光滑的圆形,其中 $1.5tV_m(z) \geq 6m^2/s$		0.48	0.50	0.53	0.56	0.60	0.66	0.72
表面光滑的圆形,其中 $1.5tV_m(z) < 6m^2/s$, 也可以是粗糙的表面或投影		0.75	0.78	0.82	0.84	0.91	1.00	1.09

注1:上部结构施工完成后,基于高宽比为 40 确定 C_{fp}。

注2:对于圆角矩形桥墩,表 NA.12 中的 C_{fp} 值应乘以 $(1-2.5r/b)$ 和 0.5 中的较大者。

注3:对于三角形风嘴桥墩,应根据包含桥墩外缘的矩形断面 C_{fp}。

注4:对于变截面桥墩,应划分为多段并按每段高度确定 C_{fp}(见 BS EN 1991-1-4:2005 图 7.4)。每段内采用 t 和 b 的平均值来确定 t/b。按照桥墩总高度和每段平均宽度来确定高宽比。

注5:对于有利区域,用 F_m 替代 F_w(详见 NA.2.56)。(A₁]

NA.2.56 顺风向效应的准静态分析方法

a)对于单跨桥梁,可采用 BS EN 1991-1-4:2005 中 8.3.2 给出的简化方法并根据本国家附件修正,或者采用[A₁)(b)和(c)(A₁]中给出的方法。对于连续梁桥,应采用[A₁)(b)和(c)(A₁]中给出的方法。

b)当作用于桥梁结构任何部分或其构件上的风荷载会增大所关注的风效应(不利区域)时,应采用 BS EN 1991-1-4:2005 中 5.3 (2)的方法,其中 c_s 按 NA.3 确定。c_d 应取 1.0。

表 NA.3 用于桥梁时的使用说明:

注1:水平风荷载加载长度取产生最大作用的长度。如果构件或结构只有一个不利加载区域(见 BS EN 1991-2),则风荷载加载长度为不利区域的基础长度。如果有多个不利区域,例如连续施工,最大作用将通过考虑任何一个不利区域或不利区域组合来确定,其结果利用从 5.3 (2)中得出的风荷载 F_W、表 NA.3 中得出的 c_s 值以及 $b+h$ 作为基础长度或总的组合基础长度来确定。其余不利区域(如果存在)和有利区域承受由(c)得出的有利风荷载 F_m。应分别针对桥梁有、无活载工况推导风荷载 F_W 和 F_m。(详见 NA.2.47 和 NA.2.48。)

注2:当桥梁位于山丘、山脊、悬崖或峭壁的顶部附近时,计算离地高度时应按 BS EN 1991-1-4:2005 中 4.3.3 的规定考虑地形效应。此时,尺寸系数 c_s 取 1.0。对于潮汐水域上的桥梁,离地高度应为平均水位以上的高度。

注3:对于桥墩和塔架等竖直构件,根据 BS EN 1991-1-4:2005 中图 7.4 给出的方法,将竖

直构件分为若干节段,并得出每个节段上的系数和风荷载。

b)当作用于桥梁结构任何部分或其构件上的风荷载会减小所考虑构件上的风效应时,应使用风荷载 F_m,其值按式(NA.11)确定。

$$F_m = \frac{1}{2}\rho v_m^2(z) C_f A_{ref} \tag{NA.11}$$

或使用式(NA.12)对所有结构构件或部分进行矢量求和。

$$F_m = \frac{1}{2}\rho \sum v_m^2(z) C_f A_{ref} \tag{NA.12}$$

式中,$v_m(z)$ 基于本国家附件 NA.2.11 中 $c_r(z)$ 及 BS EN 1991-1-4:2005 中 4.3 计算。

NA.2.57 不同粗糙度类别之间的过渡

[BS EN 1991-1-4:2005. A.2 (1)]

不应使用 BS EN 1991-1-4:2005 中 A.2 (1);应使用以下规定替代。

粗糙度类别的分类已简化为 NA.2.11 中定义的三种类别。

粗糙度类别之间的过渡是根据上一个较小粗糙度类别的迎风距离来定义的。实际上,对于乡村地形中的场址,是指从该场址到海岸线的迎风距离,对于城镇地形中的场址,则是从该场址到城镇边界的迎风距离。图 NA.3 ~ 图 NA.8 包含了粗糙度类别之间过渡的影响。

NA.2.58 空气密度

[BS EN 1991-1-4:2006,E.1.3.3 (1)注]

空气密度 ρ 应取 1.226 kg/m^3。

NA.2.59 BS EN 1991-1-4:2005 附录 E 的国家定义参数

不应使用 BS EN 1991-1-4:2005 附录 E。详见 PD 6688-1-4。

NA.3 关于使用资料性附录的决定

NA.3.1 BS EN 1991-1-4:2005,附录 A——地形效应

可使用 BS EN 1991-1-4:2005 附录 A,但附录 A.2 除外。

NA.3.2 BS EN 1991-1-4:2005，附录 B——结构系数 c_sc_d 的计算方法 1

可使用 BS EN 1991-1-4:2005 附录 B。

NA.3.3 BS EN 1991-1-4:2005，附录 C——结构系数 c_sc_d 的计算方法 2

不应使用 BS EN 1991-1-4:2005 附录 C。

NA.3.4 BS EN 1991-1-4:2005，附录 D——不同结构类型的结构系数 c_sc_d 取值

不应使用 BS EN 1991-1-4:2005 附录 D。

NA.3.5 BS EN 1991-1-4:2005，附录 E——旋涡脱落及气弹失稳

不应使用 BS EN 1991-1-4:2005 附录 E。请参见 PD 6688-1-4 中的替代信息。

NA.3.6 BS EN 1991-1-4:2005，附录 F——结构的动力特性

可使用 BS EN 1991-1-4:2005 附录 F。

NA.4 非矛盾性补充信息的参考文献

PD 6688-1-4 给出了与 BS EN 1991-1-4:2005 一起使用时的非矛盾性补充信息。

附录 A
(资料性)
计算 q_p 的流程图

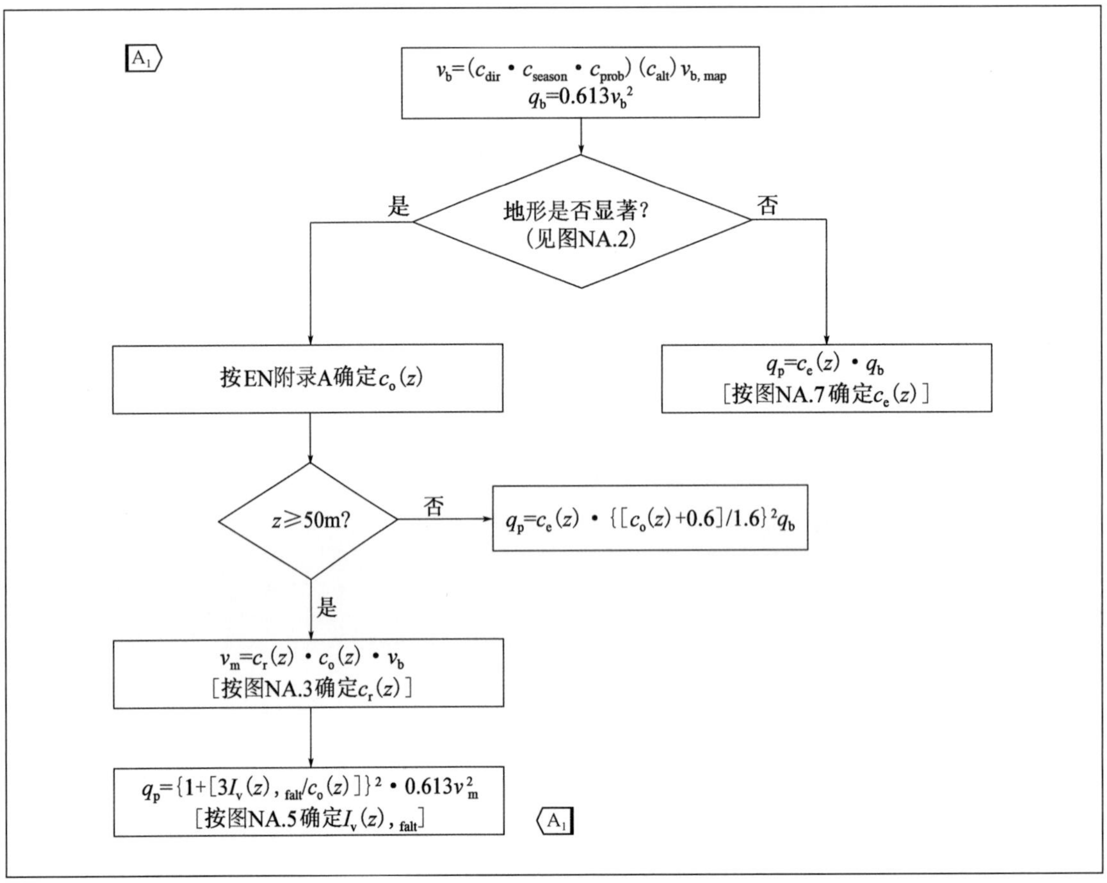

图 A.NA.1　乡村地形场址 q_p 的流程图

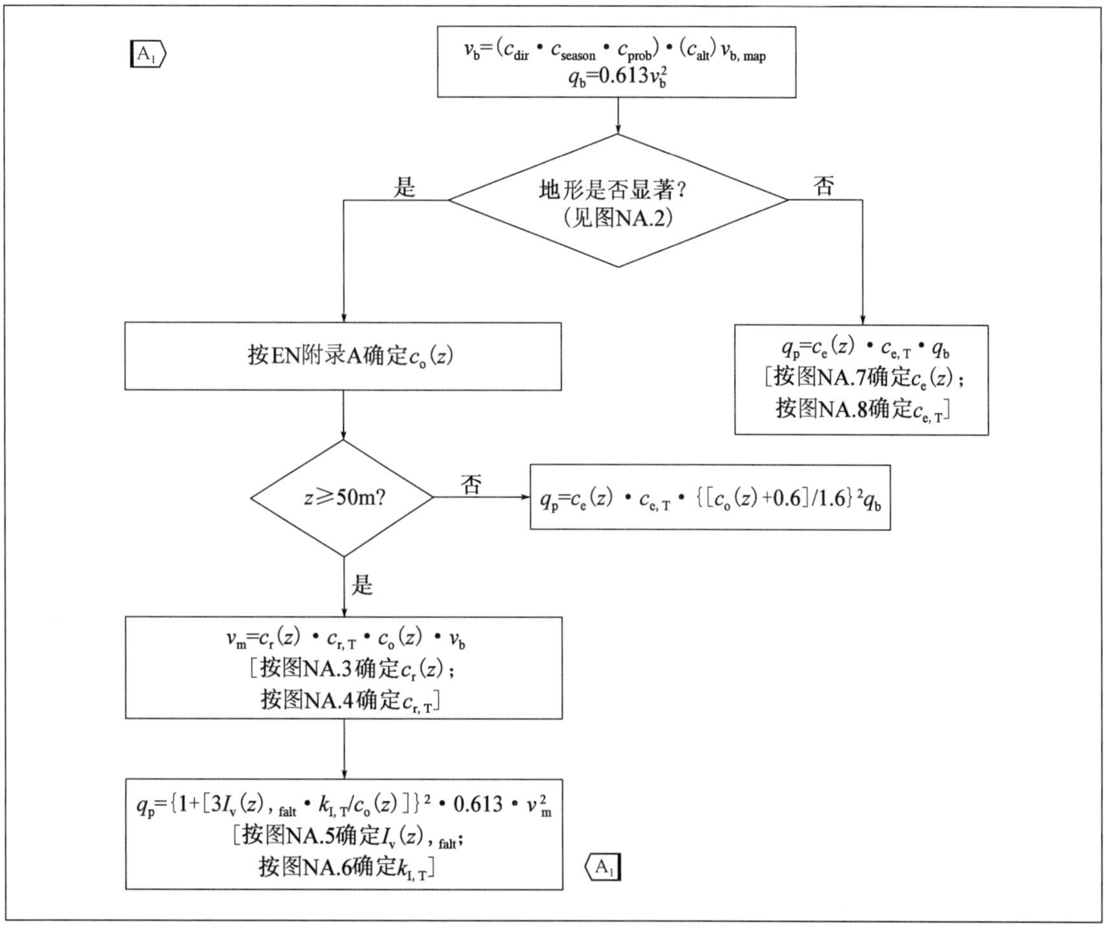

图 A. NA. 2　城镇地形场址 q_p 的流程图

[A1⟩删除的咨询说明⟨A1]

参考文献

标准出版物

对于有日期标注的参考文献,仅引用的版本适用。对于无日期标注的参考文献,其最新版本(包括修订版)适用。

BS 5534, *Code of practice for slating and tiling (including shingles)*.

BS EN 1991-2, *Eurocode 1: Actions on structures-Part 2: Traffic loads on bridges.*

BS EN 1993-3-1, *Eurocode 3-Design of steel structures-Part 3-1: Towers, masts and chimneys.*

BS EN 12811-1, *Temporary works equipment. Scaffolds. Performance requirements and general design.*

BS EN 12899-1, *Fixed, vertical road traffic signs-Part 1: Fixed signs.*

PD 6688-1-4, *Background paper to National Annex to BS EN* 1991-1-4.

其他出版物

[1] COOK, N. J. *The designer's guide to wind loading of building structures-Part 2: Static structures*. Butterworth – Heinemann Ltd, 1990.

[2] CERMAK, J. E., and N. Isyumov (editors). ASCE (American Society of Civil Engineers) manuals and reports on engineering practice. No 67. *Wind tunnel studies of buildings and structures*. ASCE, 1999.

[3] COOK, N. J. *Wind loading: a practical guide to BS* 6399-2 *wind loads on buildings*. Thomas Telford Ltd, 1999.

[4] BLACKMORE, P. BRE Digest SD5. *Wind loads on unclad structures*. BRE Press, 2004.